# ARITHMÉTIQUE

## DES CAMPAGNES.

DE L'IMPRIMERIE D'E. HADAMARD, A METZ.

# ARITHMÉTIQUE

## DES CAMPAGNES,

### A L'USAGE DES ÉCOLES PRIMAIRES.

Ouvrage prescrit pour l'enseignement élémentaire, dans les départements de la Moselle et des Ardennes, *d'après l'arrêté rendu le 20 Novembre 1822*, par Monsieur le Recteur de l'Académie de Metz.

A PARIS,

Chez BACHELIER, Quai des Augustins.

ET A METZ,

A la Librairie d'éducation, chez M^me. V^e. THIEL, Place St.-Jacques, N^o. 4.

1823.

Tout exemplaire du présent traité qui ne porterait pas comme ci-dessous la signature de l'Éditeur, sera contrefait.

Une arithmétique des campagnes doit être une simple description des procédés à suivre dans les différens calculs. Une bonne méthode, de la briéveté et de la clarté dans la rédaction, peu de raisonnement et point du tout de théorie : telles sont les qualités qui doivent distinguer un ouvrage de ce genre.

Pour atteindre ce but, l'auteur a toujours eu présent à l'esprit qu'il écrivait pour des enfans appelés à recevoir dans les écoles le bienfait de l'instruction primaire; c'est, pénétré de la même pensée, que l'on devra lire et juger cet ouvrage.

On ne rencontrera point les *proportions* dans l'arithmétique des campagnes. *Les règles de trois, de société*. . . . et en général toutes les questions qui dépendent des proportions, pouvant être résolues très-clairement sans leur secours, ce moyen a dû être rejetté, et remplacé par un procédé plus simple.

L'auteur doit beaucoup d'améliorations aux conseils de Monsieur DE LESPIN, Recteur de l'Académie de Metz, et ancien professeur de

1 *

mathématiques, savant très-distingué. Si le public daigne accueillir ce petit traité avec bienveillance, cette faveur sera due principalement aux avis éclairés et pleins de bonté de ce chef de l'instruction.

# ARITHMÉTIQUE
## DES CAMPAGNES.

L'ARITHMÉTIQUE est la *science des nombres.*

Le *nombre* est un assemblage d'*unités*, ou d'*unités* et de *parties d'unité*, ou enfin de *parties d'unité*.

L'*unité* est le terme de comparaison auquel on rapporte les choses de même nature : *homme*, *table*, *arbre* sont l'unité à laquelle on rapporte les hommes, les tables, les arbres, quand on les envisage relativement à leur plus ou moins grande quantité.

### Numération.

La numération a pour but de nommer les nombres, et de les représenter par la combinaison de quelques caractères nommés *chiffres.*

Les noms des premiers nombres sont les mots : *un, deux, trois, quatre, cinq, six, sept, huit, neuf, dix.*

Pour parvenir à nommer les nombres, en n'employant qu'une petite quantité de mots, on est convenu de former :

De dix unités     une collection nommée *dixaine* ;
De dix dixaines  une collection nommée *centaine* ;
De dix centaines une collection nommée *mille* ;
De dix mille une collection nommée *dixaine de mille* ;
  etc.    etc.    etc.

On voit que ces *collections* sont telles que chacune d'elles est formée de *dix fois celle qui lui est inférieure.*

Les voici réunies en un seul tableau :

UNITÉS.
Dixaines.
Centaines.
MILLE.
Dixaines de mille.
Centaines de mille.
MILLIONS.
Dixaines de millions.
Centaines de millions.
BILLIONS.
Dixaines de billions.
Centaines de billions.
TRILLIONS.
Dixaines de trillions.
Centaines de trillions.
QUATRILLIONS.
Dixaines de quatrillions.
Centaines de quatrillions.
QUINTILLIONS.
Dixaines de quintillions.
Centaines de quintillions.
ETC. ETC.

On voit que les mots *unités*, *mille*, *millions*, *billions*, *trillions*, etc., appartiennent chacun à trois collections consécutives, et que chaque collection désignée par ces mots vaut *mille* fois celle que désigne le mot précédent ; ainsi un million vaut mille fois mille, un billion vaut mille fois un million, etc.

On parvient à désigner tous les nombres en énonçant combien ils contiennent de fois les différentes collections d'unités formées ci-dessus : les noms qui en résultent sont d'un usage tellement familier, qu'il est inutile de pousser les remarques précédentes plus loin ; de sorte que nous allons immédiatement nous occuper de la représentation des nombres au moyen des chiffres : ces caractères sont au nombre de dix, on les voit ici accompagnés des noms qui leur correspondent.

0   1   2   3   4   5   6   7   8   9
*Zéro, Un, Deux, Trois, Quatre, Cinq, Six, Sept, Huit, Neuf.*

La règle à suivre pour représenter un nombre quelconque, consiste à écrire d'abord le chiffre qui marque combien il a d'unités du rang le plus élevé ; on met à la suite de ce premier caractère les chiffres qui indiquent combien le nombre contient d'unités de chacun des rangs qui suivent ; on emploie le chiffre *zéro* pour tenir la place des collections d'unités qui manquent dans l'énonciation du nombre. On concevra aisément cette règle au moyen des exemples suivans et des explications qui les accompagnent.

Les nombres énoncés ci-dessous sont représentés :

| | Centaines de billions, etc. | Dizaines de billions. | Billions. | Centaines de millions. | Dizaines de millions. | Millions. | Centaines de mille. | Dizaines de mille. | Mille. | Centaines. | Dizaines. | Unités. |
|---|---|---|---|---|---|---|---|---|---|---|---|---|
| Cinq . . . . . . . . . par | | | | | | | | | | | | 5 |
| Quarante-trois . . . . » | | | | | | | | | | | 4 | 3 |
| Quarante . . . . . . » | | | | | | | | | | | 4 | 0 |
| Cent-vingt-cinq . . . » | | | | | | | | | | 1 | 2 | 5 |
| Cent-vingt . . . . . » | | | | | | | | | | 1 | 2 | 0 |
| Sept cents . . . . . » | | | | | | | | | | 7 | 0 | 0 |
| Cent cinquante-six mille sept cent onze . . . » | | | | | | | 1 | 5 | 6 | 7 | 1 | 1 |
| Trois cent quarante-cinq mille neuf cent. . . » | | | | | | | 3 | 4 | 5 | 9 | 0 | 0 |
| Sept cent quarante-sept mille quinze . . . . » | | | | | | | 7 | 4 | 7 | 0 | 1 | 5 |
| Cinq cent vingt-deux millions sept cent vingt-deux mille quinze . . . . » | | | | 5 | 2 | 2 | 7 | 2 | 2 | 0 | 1 | 5 |
| Neuf cent quarante-deux millions trois cent sept . » | | | | 9 | 4 | 2 | 0 | 0 | 0 | 3 | 0 | 7 |
| Sept cent millions . . . » | | | | 7 | 0 | 0 | 0 | 0 | 0 | 0 | 0 | 0 |
| Cinq billions, six cent deux millions, trois cent cinquante mille quarante. . » | | | 5 | 6 | 0 | 2 | 3 | 5 | 0 | 0 | 4 | 0 |

On voit que les nombres qui ne contiennent que des unités sont représentés par un seul chiffre, *cinq* s'écrit 5.

Les nombres compris entre *neuf* et *cent* sont re-présentés par deux chiffres : *quarante-trois* s'écrit 43 ;

le premier chiffre 4 indique combien quarante-trois contient de dixaines ; le second chiffre 3 indique qu'il y a trois unités énoncées dans ce nombre : *quarante* s'écrit 40 ; le chiffre 4 exprime les quatre dixaines de quarante, le chiffre o occupe la place des unités qui manquent dans l'énonciation de ce nombre.

Les nombres plus petits que *mille* et plus grands que *quatre-vingt-dix-neuf* se représentent par trois chiffres : *cent vingt-cinq* s'écrit 125 ; le chiffre 1, au troisième rang vers la gauche, fait voir que cent vingt-cinq contient une centaine ; le chiffre 2 placé au second rang représente deux dixaines, et le chiffre 5 représente les cinq unités : *cent vingt* s'écrit 120 ; le premier chiffre vers la droite est un *zéro*, parce que cent vingt ne contient pas d'*unités* simples dans son énonciation: *cent cinq* s'écrit 105; le deuxième chiffre est un *zéro* parcequ'il n'y a pas de dixaines énoncées dans cent cinq : *sept cents* s'écrit 700, et contient *deux zéros* parce que dans sept cents on n'énonce ni dixaines, ni unités : nous avons particulièrement insisté sur la représentation des nombres plus petits que mille, parce qu'il est nécessaire que les élèves sachent écrire parfaitement ces nombres en chiffres pour passer avec facilité à la représentation des autres nombres

Maintenant supposons qu'il s'agisse d'écrire en chiffres un nombre quelconque. L'élève y parviendra facilement en disposant les exemples qu'on lui proposera comme dans le tableau ci-dessus : il écrira d'abord le nombre en lettres, il recherchera ensuite quelle est la plus haute collection d'unités qui entre dans ce nombre ; s'il s'agit de *cinq billions six cent deux millions trois cent cinquante mille quarante*, il verra que la plus haute collection contenue dans cet exemple est composée de cinq billions, il écrira le chiffre 5 dans la colonne intitulée *billions*; il verra que le nombre contient six centaines de millions, il écrira 6 dans la colonne des centaines de billions ; le nombre ne contient pas dans son énonciation de dixaines de millions, il placera le chiffre o dans la colonne des dixaines de millions; il passera ensuite aux millions, centaines de mille, dixaines de mille, et il verra qu'il doit écrire les chiffres 2, 3, 5, dans les colonnes qui correspondent à ces collections ; le nombre proposé manque de mille et de centaines, il mettra des zéros dans les colonnes des mille et des centaines ; et, en continuant ainsi, il placera les chiffres 4 et o dans les colonnes des dixaines et des unités.

Lorsqu'on aura bien conçu la règle générale qui précède le tableau ci-dessus, et qu'on l'aura suffisamment mise en pratique, on pourra user des procédés suivans qui ont pour but de faciliter la représentation des nombres au moyen des chiffres. On formera un tableau tel que celui que l'on voit ici, et dans lequel on trouve quelques exemples de nombres représentés en chiffres.

Les nombres suivans     Billions, Millions, Mille , Unités,
sont représentés :

Quinze mille sept cent vingt-
deux . . . . . . . . . . par . . . , . . . , . 1 5, 7 2 2
Un million six mille onze » . . . , . . 1, o o 6, o 1 1
Cent deux millions cent cinq » . . . , 1 o 2 , o o o , 1 o 5
Trente-cinq billions cinq cent
cinq millions seize mille sept » . 3 5 , 5 o 5 , o 1 6 , o o 7

Ce tableau ne contient que les mots *unités*, *mille*, *millions*, *billions*, etc., sans contenir le nom des dixaines et des centaines qui précédent ces mots dans le tableau primitif. Si on veut y écrire *trente-cinq* billions *cinq cent cinq* millions *seize* mille *sept* ; on passera un trait sur les mots *billions*, *millions*, *mille* pour indiquer qu'il ne faut pas les représenter au moyen d'un chiffre et l'on écrira ensuite sous le mot *billions* du tableau le nombre trente-cinq, 35, qui indique les billions du nombre énoncé ; on écrira dans la colonne des *millions* le nombre cinq cent cinq, 5o5, qui indique les millions énoncés ; il faudra ensuite

★

écrire le nombre seize, 16, sous la colonne des *mille*, mais comme il n'y a pas ici de centaines de mille à représenter, on écrit 016; le zéro tenant la place des centaines de mille. Enfin il ne restera plus qu'à représenter le nombre sept, qui indique les unités énoncées, on mettra le chiffre 7 précédé de deux zéros (007) dans la colonne des *unités*; les deux zéros tiennent la place des centaines et des dixaines.

On voit que la méthode que nous venons de donner exige, qu'après avoir écrit en chiffres la première partie du nombre énoncé ( trente-cinq billions représentés par 35 dans l'exemple précédent), on remplisse les colonnes qui suivent cette collection, chacune par trois chiffres qui peuvent être des zéros, s'il manque quelque collection d'unités dans le nombre à représenter.

Nous prescrirons maintenant à l'élève qui connaîtra l'emploi du procédé que nous venons de donner, de se borner à écrire les chiffres en n'employant que des virgules pour désigner les différentes parties des nombres à représenter, c'est-à-dire, pour désigner les *mille*, *millions*, *billions*, etc. de ces nombres; de la sorte les nombres suivans seront représentés: *trois millions quarante-deux mille six-cent deux* par 3,042,602; *cent quinze billions trente-deux mille cent dix-sept* par 115,000,032,117.

Enfin, en ayant soin de bien se rappeler les exercices précédens, on pourra se dispenser d'employer des virgules, et les nombres seront représentés en chiffres, comme on a coutume de le faire : ainsi *vingt-cinq millions cinq cent trente sept mille six-cent vingt-deux* sera représenté par 25537622, etc. etc.

Nous allons nous occuper dans ce qui suit de donner les moyens d'énoncer un nombre écrit en chiffres.

Soit d'abord proposé d'énoncer un assemblage de deux chiffres, 35, par exemple; on regardera le premier chiffre comme représentant des *dixaines*, le second comme représentant des *unités*; on aura ainsi trois dixaines et cinq unités, ou *trente-cinq*.

Lorsqu'il s'agira d'énoncer un assemblage quelconque de trois chiffres, on regardera le premier chiffre comme représentant des centaines, le second exprimera des *dixaines* et le troisième des *unités* : 517 représente *cinq centaines, une dixaine et sept unités* ou *cinq cent dix-sept*; 305 représente *trois centaines et cinq unités* ou *trois-cent cinq*; 700 représente *sept centaines* ou *sept cents*. Nous allons avoir à énoncer des assemblages tels que 075, 005, dont *le premier chiffre* ou *les deux premiers* sont des *zéros*, alors 075 représentera *sept dixaines et cinq unités* et s'énoncera *soixante et quinze*; 005 représentera *cinq unités* et s'énoncera *cinq*.

Si l'on propose d'énoncer un assemblage de plus de trois chiffres, tel que 3095009725034, il faudra d'abord le partager par des virgules, en tranches de trois chiffres, formées de droite à gauche, comme on le voit ici 3,095,009,725,034 : on regardera la première tranche à droite comme représentant les *unités*, la seconde les *mille*, la troisième les *millions*, la quatrième les *billions*, la cinquième les *trillions*, etc; de sorte que le nombre ci-dessus représentera 3 *trillions*, 095 *billions*, 009 *millions*, 725 *mille*, 034 *unités* : enfin on énoncera le nombre compris dans chaque tranche en commençant par la plus élevée et à la suite de chaque tranche on mettra le nom qui lui est propre; on dira *trois* TRILLIONS *quatre-vingt-quinze* BILLIONS *neuf* MILLIONS *sept cent vingt-cinq* MILLE *trente-quatre*.

Si quelque tranche de trois chiffres, était composée seulement de *zéros* on ne devrait pas en faire mention dans l'énoncé du nombre; de sorte que 35000011 se prépare ainsi avec des virgules 35,000,011; et s'énonce *trente-cinq millions onze*.

## De l'Addition.

L'addition a pour but de réunir en un seul nombre toutes les unités comprises dans plusieurs autres nombres; son résultat s'appelle *somme*.

Soit proposé d'additionner les nombres 55421, 3253, 609617, 2311, 952000; la première chose à faire est de placer ces nombres les uns sous les autres, de manière que les chiffres de même nature soient dans une même colonne et de les souligner pour les distinguer du résultat que l'on placera au-dessous : voici la disposition qu'on leur donnera:

$$55421$$
$$3253$$
$$609617$$
$$2311$$
$$\underline{952000}$$

Quand tout sera ainsi disposé, on réunira successivement les uns aux autres, par le simple secours de la pensée, les nombres qui composent la première colonne à droite, on dira : 1 et 3 font 4, 4 et 7 font 11, 11 et 1 font 12; on remarquera ensuite que ce résultat 12 contient deux classes d'unités, une dixaine et deux unités; on écrira seulement le chiffre des unités sous la colonne que l'on vient d'additionner, comme on le voit ci-dessous; le chiffre des dixaines prendra le nom de *retenue* et devra être joint à la colonne suivante.

Pour la seconde colonne on dira : 1 de retenue et 2 font 3, 3 et 5 font 8, 8 et 1 font 9, 9 et 1 font 10; ce nombre est formé de deux classes d'unités, une dixaine et *zéro* unité; on écrira seulement le chiffre des unités sous la colonne que l'on vient d'additionner, comme on le voit ci-dessous; le chiffre des dixaines sera joint à la colonne suivante, comme retenue.

Pour la troisième colonne on dira : 1 de retenue et 4 font 5, 5 et 2 font 7, 7 et 6 font 13, 13 et 3 font 16; 16 contient 6 unités, qu'on écrit sous la troisième colonne, et donne une dixaine de retenue.

Pour la quatrième colonne on dira : 1 dé retenue et 5 font 6, 6 et 3 font 9, 9 et 9 font 18, 18 et 2 font 20, 20 et 2 font 22 ; on écrira les 2 unités, on retiendra les dixaines.

Pour la cinquième colonne on dira, 2 de retenue et 5 font 7, 7 et 5 font 12, on écrira 2, on retiendra 1.

A la dernière colonne on dira : 1 et 6 font 7, 7 et 9 font 16 ; on écrira pour cette colonne le résultat tel qu'il se trouve.

L'opération effectuée sera donc ainsi représentée :

$$\begin{array}{r} 55421 \\ 3253 \\ 609617 \\ 2311 \\ 952000 \\ \hline 1622602 \end{array}$$

Le nombre 1622602 est le résultat cherché.

Si on veut *vérifier* cette opération, on la fera en deux parties séparées ; on ajoutera, par exemple, les deux premiers nombres ensemble, ainsi qu'il suit :

$$\begin{array}{r} 55421 \\ 3253 \\ \hline 58674 \end{array}$$

On ajoutera ensuite les nombres restans :

$$\begin{array}{r} 609617 \\ 2311 \\ 952000 \\ \hline 1563928 \end{array}$$

Ces deux additions donnent deux résultats que l'on ajoutera ensemble ; si leur somme est égale au nombre 1622602, résultat de l'addition proposée, il sera probable qu'on aura bien opéré : voici cette dernière addition :

$$\begin{array}{r} 58674 \\ 1563928 \\ \hline 1622602 \end{array}$$

Le résultat de la vérification prescrite étant 1622602, comme celui de l'addition proposée, on en conclut que celle-ci a été bien faite.

On remarquera qu'il est indifférent, dans la vérification de l'addition, de réunir d'abord les deux premiers nombres, plutôt que tout autre quantité de ces nombres.

Dans une autre addition on agirait d'une manière analogue à celle que nous venons d'exposer.

## De la Soustraction.

La soustraction est une opération dans laquelle on a pour but de retrancher d'un nombre toutes les unités comprises dans un autre nombre. Son résultat se nomme *reste, excès ou différence.*

Supposons qu'on ait à retrancher du nombre 35646927 le nombre 23123412 ; la première chose à faire est de placer la plus petite de ces quantités sous la plus grande, de manière que les unités de même nature se correspondent, et de souligner ces nombres afin de les distinguer du résultat ; c'est ainsi que les voici disposés :

$$
\begin{array}{r}
35646927 \\
23123412 \\
\hline
\end{array}
$$

On agira de même pour tout autre exemple.

Cette première disposition étant faite, il pourra se présenter trois cas différens dans la soustraction ; nous allons les traiter à mesure que nous les énoncerons.

1°. Il peut arriver que tous les chiffres du plus petit nombre soient plus petits que les chiffres correspondans du plus grand nombre, comme dans l'exemple suivant :

$$
\begin{array}{r}
7956 \\
4532 \\
\hline
3424
\end{array}
$$

Alors l'opération n'offre aucune difficulté : on retranche chacun des chiffres du plus petit nombre de son correspondant dans le plus grand, et l'on écrit chaque résultat dans la colonne qui lui a donné naissance ; ainsi je dis en retranchant 2 de 6, il reste 4, que j'écris dans la colonne des unités; en retranchant 3 de 5, il reste 2, que j'écris dans la colonne des dixaines ; en retranchant 5 de 9 il reste 4, que j'écris dans la colonne des centaines ; en retranchant 4 de 7 il reste 3, que j'écris dans la colonne des mille ; de sorte que le *reste*, comme on le voit ci-dessus, est 3424.

2°. Il peut se faire que quelque chiffre du plus grand nombre soit moindre que le chiffre correspondant du plus petit nombre, comme il arrive dans l'exemple suivant pour les colonnes des dixaines et des mille.

$$\begin{array}{r} 52435 \\ 25243 \\ \hline 27192 \end{array}$$

Alors il faut avoir recours à une méthode, dite *des emprunts*, que nous allons exposer en opérant. En retranchant 3 de 5 on obtiendra 2 pour reste, on écrira ce chiffre dans la colonne des unités. Pour la colonne des dixaines la soustraction partielle ne peut avoir lieu, puisque 4 est plus grand que 3 ; alors on enlève une unité au chiffre 4 de la colonne des centaines, il devient 3; cette unité se reporte sur la colonne qui a nécessité l'emprunt et augmente le chiffre supérieur de cette colonne de 10 unités ; le chiffre qui a nécessité l'emprunt était 3, il devient 13 ; on retranche 4 de 13, il vient pour reste 9 que l'on écrit sous la colonne des dixaines. Le chiffre 4 des centaines est devenu 3 puisqu'on lui a enlevé ou *emprunté* une unité, on aura à retrancher 2 de 3; il viendra 1 pour résultat, que l'on écrira sous la colonne des centaines. La colonne des mille nécessite un emprunt ; on emprunte 1 au chiffre 5 de la colonne des dixaines de mille, il se réduit à 4 ; cette unité augmente le nombre 2 de la colonne des mille de 10, ce qui le change en 12 ; on retranche 5 de 12, il reste 7, que l'on écrit au résultat: enfin il faut retrancher 2 de 4 , le reste est 2 ; et le résultat total est 27192. Dans tout autre exemple de cette nature , on agirait d'une manière analogue.

3°. Il peut arriver qu'il se trouve dans le plus grand nombre un ou plusieurs zéros immédiatement avant les chiffres qui nécessitent un emprunt, alors on suit la marche que voici : 1°. on augmente le chiffre qui nécessite l'emprunt de 10 unités ; 2°. on change les zéros qui le précèdent en autant de 9 ; 3°. on diminue le chiffre qui précède le zéro, ou les zéros *d'une* unité, et on continue la soustraction d'après ce qui a été expliqué.

Soit à effectuer la soustraction ci-dessous :

$$90701$$
$$27356$$
$$\overline{63345}$$

On ne peut retrancher 6 de 1, on augmente 1 de 10 unités et il devient 11 ; on retranche 6 de 11, il vient 5 pour reste ; par suite de l'emprunt précédent le o des dixaines se change en 9, et, retranchant 5 de 9, on a 4 pour reste ; on retranche ensuite 3 de 7 diminué d'une unité par l'emprunt ou de 6, on obtient le reste 3 ; on ne peut retrancher 7 de o, on augmente le o de 10 unités (ici nous agissons d'après la règle du cas précédent ; car bien que le chiffre pour lequel nous empruntons soit un o, il n'est pas précédé immédiatement d'un zéro, comme il doit arriver quand il s'agit du troisième cas, dont nous nous occupons), on retranche 7 de 10, on a 3 pour reste ; on retranche enfin 2 de 9 diminué d'une unité par l'emprunt, on a 6 pour reste.

Exposons encore les calculs de l'exemple suivant :

$$900043005$$
$$354281326$$
$$\overline{545761679}$$

On augmente ici le chiffre 5 de 10 unités, il devient

15 et donne le reste 9; les deux zéros se changent en deux 9, ils donnent 7 et 6 pour reste ; on retranche ensuite 1 de 3 diminué d'une unité par l'emprunt, c'est-à-dire, de 2 ; au cinquième rang on ne peut retrancher 8 de 4, on le retranche de 14; les trois zéros se changent en trois 9, on en retranche les chiffres 2, 4 et 6; on obtient le dernier reste, en retranchant 3 de 9 diminué d'une unité, c'est-à-dire , de 8 ; le reste total est le nombre 545761679.

Si l'on veut vérifier une soustraction , il suffit d'ajouter le plus petit nombre avec le reste; si on obtient ainsi une somme égale au plus grand nombre, il sera probable que l'opération aura été bien faite : voici un exemple de soustraction accompagnée de sa vérification.

$$4537216$$
$$1345230$$
$$\overline{3191986}$$
$$\overline{4537216}$$

Ici la somme du plus petit nombre et du reste donne le plus grand nombre; c'est le caractère d'une bonne opération.

## De la Multiplication.

La multiplication est une opération qui a pour but de répéter un nombre autant de fois qu'il y a d'unités dans un autre nombre. Le nombre que l'on répète prend le nom de *multiplicande*;celui qui indique combien il faut répéter de fois s'appelle *multiplicateur*; on nomme le résultat *produit.*

Le multiplicande et le multiplicateur considérés comme concourant ensemble à former le résultat de la multiplication prennent le nom de *facteurs.*

Avant de pouvoir faire une multiplication , il faut posséder parfaitement la table suivante.

## TABLE DE MULTIPLICATION

| fois | | donne | | fois | | donnent | | fois | | donnent |
|---|---|---|---|---|---|---|---|---|---|---|
| 1 | 1 | 1 | | 4 | 1 | 4 | | 7 | 1 | 7 |
| 1 | 2 | 2 | | 4 | 2 | 8 | | 7 | 2 | 14 |
| 1 | 3 | 3 | | 4 | 3 | 12 | | 7 | 3 | 21 |
| 1 | 4 | 4 | | 4 | 4 | 16 | | 7 | 4 | 28 |
| 1 | 5 | 5 | | 4 | 5 | 20 | | 7 | 5 | 35 |
| 1 | 6 | 6 | | 4 | 6 | 24 | | 7 | 6 | 42 |
| 1 | 7 | 7 | | 4 | 7 | 28 | | 7 | 7 | 49 |
| 1 | 8 | 8 | | 4 | 8 | 32 | | 7 | 8 | 56 |
| 1 | 9 | 9 | | 4 | 9 | 36 | | 7 | 9 | 63 |
| fois | | donnent | | fois | | donnent | | fois | | donnent |
| 2 | 1 | 2 | | 5 | 1 | 5 | | 8 | 1 | 8 |
| 2 | 2 | 4 | | 5 | 2 | 10 | | 8 | 2 | 16 |
| 2 | 3 | 6 | | 5 | 3 | 15 | | 8 | 3 | 24 |
| 2 | 4 | 8 | | 5 | 4 | 20 | | 8 | 4 | 32 |
| 2 | 5 | 10 | | 5 | 5 | 25 | | 8 | 5 | 40 |
| 2 | 6 | 12 | | 5 | 6 | 30 | | 8 | 6 | 48 |
| 2 | 7 | 14 | | 5 | 7 | 35 | | 8 | 7 | 56 |
| 2 | 8 | 16 | | 5 | 8 | 40 | | 8 | 8 | 64 |
| 2 | 9 | 18 | | 5 | 9 | 45 | | 8 | 9 | 72 |
| fois | | donnent | | fois | | donnent | | fois | | donnent |
| 3 | 1 | 3 | | 6 | 1 | 6 | | 9 | 1 | 9 |
| 3 | 2 | 6 | | 6 | 2 | 12 | | 9 | 2 | 18 |
| 3 | 3 | 9 | | 6 | 3 | 18 | | 9 | 3 | 27 |
| 3 | 4 | 12 | | 6 | 4 | 24 | | 9 | 4 | 36 |
| 3 | 5 | 15 | | 6 | 5 | 30 | | 9 | 5 | 45 |
| 3 | 6 | 18 | | 6 | 6 | 36 | | 9 | 6 | 54 |
| 3 | 7 | 21 | | 6 | 7 | 42 | | 9 | 7 | 63 |
| 3 | 8 | 24 | | 6 | 8 | 48 | | 9 | 8 | 72 |
| 3 | 9 | 27 | | 6 | 9 | 54 | | 9 | 9 | 81 |

Maintenant nous allons faire voir comment on opère la multiplication ; la première chose à faire est de placer le multiplicateur au-dessous du multiplicande et de les souligner, comme il a été fait dans les exemples ci-dessous.

Alors on distinguera *deux cas* que nous énoncerons à mesure que nous les traiterons, et que nous ferons suivre de *deux observations* essentielles.

Le premier cas a lieu quand le multiplicateur n'a qu'un seul chiffre, comme pour l'exemple suivant :

$$\begin{array}{r} 95087 \\ 8 \\ \hline 760696 \end{array}$$

On commencera l'opération par la droite, on dira 8 fois 7 donnent 56 ; ce produit contient 6 unités et 5 dixaines ; on n'écrira que les unités au résultat, les *dixaines* devront se joindre comme *retenue* au résultat partiel suivant. On dira ensuite 8 fois 8 donnent 64 et 5 de retenue font 69 ; on n'écrira que les unités 9 du nombre 69, les dixaines 6 se joindront au résultat suivant. o multiplié par 8 fournira o au produit ; mais on lui joindra la retenue 6, qui donnera ce dernier chiffre pour le troisième du résultat général. 8 fois 5 donneront 40, qui fournira le chiffre o pour être écrit au produit et 4 pour la retenue. Enfin la multiplication de 9 par 8 offre 72 que l'on augmentera de la retenue 4 pour avoir 76, *dernier produit partiel*, que l'on écrira toujours tel qu'il se présente.

Lorsque l'élève aura été suffisamment exercé au cas précédent, il pourra s'occuper du second qui existe lorsque le multiplicateur a plusieurs chiffres, comme dans l'exemple suivant :

$$\begin{array}{r} 4542 \\ 3647 \\ \hline 31794 \\ 18168 \\ 27252 \\ 13626 \\ \hline 16564674 \end{array}$$

Il faut ici multiplier le nombre 4542 successivement

par chacun des chiffres 7, 4, 6, 3 du multiplicateur
d'après le procédé suivi dans le cas précédent ; on obtient ainsi les produits partiels 31794, 18168, 27252
13626 ; on écrit d'abord le premier, et au-dessous
se placent les trois autres, mais de manière que les
chiffres 8, 2, 6 des unités de ces produits occupent au-
dessous du nombre 31794, *le même rang qu'occupent*
dans le multiplicateur *les chiffres desquels ils proviennent* ; ainsi le premier chiffre 8 du produit 18168
fourni par les *dixaines* du multiplicateur se trouvera
dans la colonne des *dixaines* du premier produit ; le
premier chiffre 2 à droite de 27252 fourni par les
centaines, se trouvera dans la colonne des *centaines* ;
et pour le troisième produit le chiffre 6 occupera
le rang des *mille*. En un mot, chaque fois que l'on
écrit un nouveau produit partiel, il faut avancer ses
chiffres d'un rang vers la gauche, relativement au
produit partiel précédent.

Après avoir épuisé tous les chiffres du multiplicateur, on souligne les résultats qu'ils ont donnés, on les
additionne et on obtient ainsi le produit total, qui
est, pour l'exemple précédent, 16564674.

Nous devons faire une première observation qui
sera fournie, comme dans l'exemple suivant, par un
multiplicateur dont le dernier chiffre a une valeur,
mais dans lequel il se trouve des zéros.

$$
\begin{array}{r}
3279 \\
50003 \\
\hline
9837 \\
16395\ldots \\
\hline
163959837
\end{array}
$$

La règle précédente s'applique ici.

On observe que les zéros ne donnent aucun produit
partiel ; les autres chiffres du multiplicateur, tels que
3 et 5, dans l'exemple qui nous occupe, en fournissent ;
alors il faut placer les *unités* 7 et 5 de ces produits 9837
et 16395 précisément au rang occupé par les chiffres du

multiplicateur qui les a fourni ; ou autrement, il faut avancer pour chaque zéro le produit partiel, fourni par le chiffre qui le suit, d'un rang de plus vers la gauche qu'on ne l'aurait fait s'il n'y avait pas eu de zéros au multiplicateur.

Il nous reste enfin à présenter une seconde observation sur les multiplications dont le multiplicateur ou le multiplicande se terminent, soit l'un et l'autre, soit un seul d'entr'eux, par des zéros. Exemples :

| 2700 | 27 | 2700 |
|---|---|---|
| 17 | 17000 | 17000 |
| 189 | 189 | 189 |
| 27 | 27 | 27 |
| 45900 | 459000 | 459000000 |

Alors on ne tiendra aucun compte des *zéros* dans le cours de l'opération, et quand on aura obtenu le produit, on le fera suivre d'autant de *zéros* qu'il y en avait à la suite du multiplicande et du multiplicateur.

## De la Division.

La division est une opération qui a pour but de reconnaître combien de fois un nombre, qui prend le nom de *dividende*, en contient un autre, qui prend le nom de *diviseur*. Le résultat se nomme *quotient*.

Soit à diviser le nombre 14573925 par 3952 ; il s'agit de reconnaître combien la plus grande de ces quantités contient de fois la plus petite. La première chose à faire, pour y parvenir, est de placer la plus petite des deux quantités sur la même ligne et à droite de la plus grande ; de les séparer par un trait vertical ; de souligner le diviseur, au-dessous duquel est la place du quotient ; voici leur disposition :

$$14573925 \mid \underline{3952}$$

Il faudra reconnaître en second lieu combien il doit y avoir de chiffres au quotient ; à cet effet on retranchera par une virgule, sur la gauche du dividende, assez de chiffres pour obtenir la première partie du dividende qui puisse contenir le diviseur; cette opération est indiquée ci-dessous.

$$14573{,}925 \mid 3952$$

La position de la virgule dans le dividende détermine le nombre des chiffres du quotient.

La tranche 14573 donne un chiffre au quotient; chacun des chiffres restant 9,2,5, de 925, indique pareillement un chiffre du quotient, qui aura pour l'exemple précédent quatre chiffres. Ce procédé s'applique à toute division.

Les choses en étant arrivées à ce point, il faut trouver le premier chiffre du quotient; c'est la tranche 14573 qui le fournira, en la comparant au diviseur 3952. Pour parvenir à ce but on supprime tous les chiffres du diviseur, excepté le plus élevé, il se trouve réduit à 3 ; on ôte de la tranche 14573 autant de chiffres qu'il en a été enlevé au diviseur, cette tranche se réduit à 14. Dans toute autre division on agirait d'une manière analogue en réduisant le diviseur à un seul chiffre. Maintenant l'usage de la *table de multiplication* doit indiquer combien de fois 14 contient 3, c'est 4 fois pour 12. Le nombre 4, trouvé ainsi , fait voir que le quotient ne peut être plus fort que 4; mais il peut être 4, 3, 2, 1 ou 0. Il s'agit de rechercher quel est celui de ces cinq chiffres qui est le véritable ; car on doit bien remarquer que les parties du quotient d'une division ne s'obtiennent que par une espèce de tâtonnement.

On commencera , en multipliant le diviseur par le plus grand nombre 4, on obtiendra 15808 ; ce produit est plus grand que 14573 , il faut en conclure que le quotient 4 est trop élevé. On essayera le chiffre 3 ; en multipliant 3952 par 3, il vient 11856 ; cette quantité est plus petite que la tranche 14573, on la retranchera comme on le voit ci-dessous, et *de ce que le reste* obtenu 2717 *est plus petit que le diviseur* 3952 on conclura que 3 est précisément

le premier chiffre du quotient. L'opération se trouve
ainsi amenée jusqu'au point que voici :

$$\begin{array}{c|c} 14573,925 & 3952 \\ 11856 & \overline{3} \\ \hline 2717 & \end{array}$$

Lorsqu'on sera habitué à amener une division au
point où en est celle-ci, on n'aura plus de difficulté pour la terminer, le reste de l'opération étant,
comme nous allons le voir, tout à fait analogue à ce
que nous venons de faire.

On *abaissera* le chiffre 9 qui suit la virgule du dividende à la suite du reste 2717 , c'est-à-dire, on
placera le chiffre 9 à la suite de 2717 ; on obtiendra
ainsi un nombre 27179, qui fournira le second chiffre
de quotient ; on réduira comme précédemment le
diviseur au chiffre 3 , on supprimera les trois derniers chiffres de 27179 et l'on obtiendra 27 ; on verra
que 27 contient 9 fois le nombre 3 ; on essayera si le
nombre 9 obtenu est convenable ; la multiplication
du quotient 3952 par 9 donne 35568 , ce produit
est plus grand que 27179 ; le chiffre 9 n'appartient
donc pas au quotient : on essayera le chiffre 8, qui
donne pour produit avec 3952 la quantité 31616,
laquelle est encore plus grande que 27179 ; ensuite
7 nous donnera 27664 ; enfin 6 donnera 23712, cette
dernière quantité est plus petite que 27179, *leur différence est moindre que le diviseur* , il en résulte
que 6 est le 2^me. chiffre du quotient : l'opération est
maintenant arrivée au point représenté ci-dessous.

$$\begin{array}{c|c} 14573,925 & 3952 \\ 11856 & \overline{36} \\ \hline 2717 & \\ 23712 & \\ \hline 3467 & \end{array}$$

Pour continuer la division, on abaisse le chiffre 2 près
de 3467 : le diviseur se réduit à 3, le nombre à diviser à 34, après en avoir ôté les trois derniers chiffres;
34 contient 11 fois le nombre 3 ; mais on sait d'a—

vance que chaque opération ne donne qu'un chiffre
au quotient, en conséquence on se dispense de faire
l'essai des nombres 11 et 10 : on remarque ensuite
que 3952, multiplié par 9, donne un résultat trop fort ;
enfin on reconnaît que 3952 multiplié par 8 donne
31616, qui, retranché de 34672, donne un reste 3056
plus petit que 3952 ; le nombre 8 est donc le troisième
chiffre du quotient, l'opération en est ici au point
où on la voit ci-dessous.

```
14573925 | 3952
11856    | 368
27179
23712
─────
34672
31616
─────
3056
```

Enfin on abaissera le chiffre 5 du dividende, on
aura ainsi 30565 ; on réduira le diviseur à 3 en lui
enlevant trois chiffres ; le dividende partiel se réduira
pareillement à 30, qui contient 10 fois le nombre 3 ;
on sait d'avance que le nombre 10 ne peut appartenir
au quotient, qui ne doit recevoir qu'un chiffre à
chaque opération ; on agit comme ci-dessus avec 9 et
8, qu'on reconnaît ne pouvoir former le dernier chiffre du quotient ; on voit que 7 est ce dernier chiffre,
puisque 3952 multiplié par 7 donne un produit plus
petit que 30565 ; on multiplie 3952 par 7, on obtient
27664, que l'on retranche de 30565 ; il vient pour reste
2901 ; alors l'opération est terminée ; voici comme on la
dispose :

```
14573925 | 3952
11856    | 3087
27179
23712
─────
34672
31616
─────
30565
27664
─────
2901
```

On

On voit que le nombre 14573925 contient 3952 autant de fois qu'il y a d'unités dans le quotient 3687, et que ce nombre contient, en outre, 2901 unités, qui forment le reste de la division.

Nous pensons que l'intelligence de cet exemple suffira pour mettre à même de faire une division quelconque.

Nous ferons observer qu'on peut se dispenser, avec un peu d'habitude d'opérer, de la plupart des essais que nous avons faits : il faudra prendre de suite, pour chaque quotient partiel, un chiffre plus petit que celui qu'on obtient en opérant comme ci-dessus, et en faire l'essai; s'il fournit un reste plus petit que le diviseur, il sera le vrai quotient.

Il peut arriver que, dans le cours des opérations, on rencontre un dividende partiel, qui ne puisse pas contenir le diviseur; alors on mettra un zéro au quotient, on abaissera le chiffre suivant, et l'on continuera l'opération d'après le procédé connu.

### *Vérification de la Multiplication et de la Division.*

On vérifie une multiplication en divisant le produit par le multiplicande ; si l'opération est bien faite, on doit obtenir le *multiplicateur* pour quotient et un reste nul. On peut aussi diviser le produit par le multiplicateur, alors le quotient doit être égal au *multiplicande.*

Voici une multiplication accompagnée de sa vérification.

$$
\begin{array}{ll}
\phantom{2}34545 & 932715 \mid \underline{34545} \\
\phantom{2445}27 & \underline{69090} \mid \phantom{2}27 \\
\hline
241815 & 241815 \\
\phantom{2}69090 & 241815 \\
\hline
932715 & \phantom{2445}0
\end{array}
$$

On vérifie une division en multipliant son diviseur par le quotient; et en ajoutant au produit, ainsi obtenu, le reste de la division, si elle en a présenté un ; lorsque la division a été bien faite, le résultat de cette vérification doit être égal au *dividende.*

Voici un exemple de division accompagnée de sa vérification :

| | | | |
|---|---|---|---|
| 486735 | 15079 | | 15079 |
| 45237 | 32 | | 32 |
| 34365 | | | 30158 |
| 30158 | | | 45237 |
| 4207 | | | 482528 Produit. |
| | | | 4207 Reste de la division. |
| | | | 486735 Dividende. |

## DES FRACTIONS.

On entend par *fraction* une ou plusieurs parties de l'unité.

Si l'on partage l'unité en 10 parties, une de ces parties est une *fraction*, 5 des ces parties forment une *fraction*.

*Une seule* des parties que l'on obtient en partageant l'unité, s'appelle *unité fractionnaire* ; la dixième, la septième, la onzième partie de l'unité sont des *unités fractionnaires*:pour représenter l'unité fractionnaire on place, au-dessous de 1, le nombre qui indique en combien de parties on divise *l'unité*,et on sépare ces nombres par un trait(—),qui signifie alors *divisé par*; la dixième, la septième, la onzième partie de l'unité se représentent ainsi $\frac{1}{10}$, $\frac{1}{7}$, $\frac{1}{11}$, que l'on prononce *un* divisé par *dix*, *un* divisé par *sept*, *un* divisé par *onze*. Souvent, pour désigner une unité fractionnaire,'on nomme l'unité et, à la suite, le nombre inférieur, auquel on donne la terminaison *ième* ; pour $\frac{1}{10}$, $\frac{1}{7}$, $\frac{1}{11}$, on dit un *dixième*, un *septième*, un *onzième*. Les unités fractionnaires $\frac{1}{2}$, $\frac{1}{3}$, $\frac{1}{4}$, se nomment un *demi*, un *tiers*, un *quart*.

Si l'on veut représenter une *fraction* proprement dite,par exemple, la fraction composée de *six parties égales à un onzième*, on écrit au-dessous du nombre 6 le nombre 11, on les sépare par le signe — (*divisé par*), on a $\frac{6}{11}$. Pour énoncer une *fraction*, on nomme le nombre supérieur, et à la suite le nombre inférieur, suivi de la terminaison *ième*: pour $\frac{6}{11}$ on dit *six onzièmes*; on peut dire aussi *six divisé par onze*.

Si l'on considère des parties de l'unité divisée par 2, 3 ou 4, on dit *demi*, *tiers*, *quart*, au lieu de *deuxième*, *troisième*, *quatrième*.

Dans toute fraction le nombre supérieur, qui indique combien on prend de parties de l'unité, s'appelle *numérateur*. Le nombre inférieur, qui indique en combien de parties égales l'unité est partagée, s'appelle *dénominateur*.

### Usage des fractions dans la Division.

Si l'on veut partager un certain nombre en plusieurs parties égales, il faut le diviser par le nombre de ces parties; pour partager 23 en 5 parties égales, il faut diviser 23 par 5, comme ci-dessous :

$$\begin{array}{c|c} 23 & 5 \\ \underline{20} & \overline{4} \\ 3 & \end{array}$$

Après avoir effectué cette division, on voit que chaque partie cherchée est de 4 unités entières, mais que la division donne pour reste 3 unités dont il faut joindre la cinquième partie à 4; alors le quotient deviendra 4 plus $\frac{3}{5}$, ou $4 + \frac{3}{5}$ (ce signe ($+$) est employé par abréviation pour le mot *plus*).

On dira donc, en règle générale, que le quotient exact de toute division se forme en ajoutant au quotient entier donné par l'opération, une fraction formée avec le reste, pris pour numérateur, et le diviseur, pris pour dénominateur.

### Des nombres fractionnaires.

Une fraction dont le numérateur est plus grand que le dénominateur s'appelle *nombre fractionnaire*; $\frac{13}{12}$, $\frac{7}{4}$, $\frac{14}{12}$ sont des nombres fractionnaires.

2 *

Comme on considère dans les nombres fraction-naires plus de parties de l'unité qu'il n'en faut pour former une unité entière, il en résulte que de tels nombres contiennent des unités entières et des fractions.

Pour connaître combien il y a d'unités entières dans un nombre fractionnaire, on divisera son numérateur par son dénominateur, on joindra au quotient une fraction formée du reste de la division, pris pour numérateur, et ayant pour dénominateur le dénominateur primitif; ainsi $\frac{28}{9}$ est égal à $3 + \frac{1}{9}$, ce que l'on représente ainsi $\frac{28}{9} = 3 + \frac{1}{9}$ ( car le signe ($=$) signifie *égal*.)

*Additionner un nombre entier et une fraction.*

Soit à ajouter 3 avec $\frac{3}{4}$; on changera 3 en nombre fractionnaire, en remarquant que chaque unité contenant 4 quarts, 3 unités en contiendront 3 fois plus, et vaudront $\frac{12}{4}$; on ajoutera ensuite les numérateurs 12 et 3, on aura 15; et on donnera à cette somme le dénominateur commun 4, ce qui formera $\frac{15}{4}$.

5 plus $\frac{3}{7}$ donneront $\frac{35}{7}$ plus $\frac{3}{7}$, ou $\frac{38}{7}$.

*Retrancher une fraction d'un nombre entier.*

Soit à retrancher $\frac{3}{4}$ de 5 : on change 5 en nombre fractionnaire, en remarquant que chaque unité contient 4 quarts, que 5 unités en contiennent 5 fois plus et forment $\frac{20}{4}$; on retranche 3 de 20, il reste 17, auquel on donne 4 pour dénominateur; la différence cherchée est $\frac{17}{4}$, ou $4 + \frac{1}{4}$, en divisant le numérateur par le dénominateur.

5 moins $\frac{3}{7}$ donneront $\frac{32}{7}$, différence de $\frac{35}{7}$ et de $\frac{3}{7}$ ou $4 + \frac{4}{7}$

*Multiplier entr'eux un nombre entier et une fraction.*

Soit à multiplier 8 par $\frac{5}{4}$, ou, ce qui revient au même, $\frac{5}{4}$ à multiplier par 8; on multipliera le nombre entier 8 et le numérateur 5 de la fraction entr'eux, on aura 40, et on donnera à ce produit le dénominateur

4 de la fraction $\frac{5}{4}$; ce qui formera $\frac{40}{4}$ ou 10, en divisant le numérateur par le dénominateur.

Le signe ($\times$) signifie *multiplié par*; ainsi $7 \times \frac{3}{9} = \frac{21}{9} = 2 + \frac{3}{9}$; $8 \times \frac{5}{9}$ ou $\frac{5}{9} \times 8 = 4 + \frac{4}{9}$.

Il existe quelques cas particuliers dans lesquels on obtient, pour le produit d'une fraction par un nombre entier, un résultat plus simple que celui qui est fourni par la méthode précédente; cela arrive lorsque *le dénominateur de la fraction multiplicande est divisible par le multiplicateur entier donné*; supposons qu'on ait à multiplier $\frac{3}{4}$ par 2, alors la multiplication se fera en divisant le dénominateur de la fraction par le multiplicateur 2; on aura $\frac{3}{2}$. Pareillement $\frac{7}{8} \times 4 = \frac{7}{4}$; $\frac{1}{20} \times 10 = \frac{1}{2}$; etc.

*Diviser une fraction par un nombre entier, ou un nombre entier par une fraction.*

Soit à diviser la fraction $\frac{3}{4}$ par le nombre entier 5; on obtiendra le résultat en multipliant le dénominateur 4 de la fraction par le diviseur 5; ce qui donnera $\frac{3}{20}$.

On divise un nombre entier par une fraction en le multipliant par la fraction diviseur renversée: 17 divisé par $\frac{5}{6}$ donne $\frac{102}{5}$ ou $20 + \frac{2}{5}$; 14 divisé par $\frac{7}{9}$ donne $\frac{126}{7}$ ou 18; 3 divisé par $\frac{2}{5}$ donne $\frac{15}{2}$ ou $7 + \frac{1}{2}$.

Il existe quelques cas particuliers dans lesquels on obtient pour le quotient d'une fraction, par un nombre entier, un résultat plus simple que celui qui est fourni par la méthode précédente; cela arrive lorsque *le numérateur de la fraction dividende est divisible par le diviseur entier* donné; supposons qu'on ait à diviser $\frac{4}{7}$ par 2, alors la division se fera en divisant le numérateur 4 par 2; on aura pour le quotient cherché la fraction $\frac{2}{7}$. Pareillement $\frac{8}{9}$ divisé par 4 est égal à $\frac{2}{9}$, et $\frac{20}{9}$ divisé par 10 est égal à $\frac{2}{9}$.

Observation. Pour multiplier $\frac{3}{4}$ par 5, on multiplie 3 par 5 et on donne le dénominateur 4 au produit, on obtient $\frac{15}{4}$; pour diviser $\frac{15}{4}$ par 5, il faut multiplier le dénominateur 4 par 5, on obtient $\frac{15}{20}$ ; mais on ne change pas une quantité en la multipliant et en la divisant par le même nombre, donc $\frac{15}{20}$ est égal à $\frac{3}{4}$; donc une fraction ne change pas de valeur quand on multiplie son numérateur et son dénominateur par le même nombre.

Pareillement une fraction ne changera pas de valeur si l'on divise son numérateur et son dénominateur par une même quantité : $\frac{30}{60}$ est égal à $\frac{1}{2}$, qu'on obtient en divisant 30 et 60 par le même nombre 30.

*Réduction des fractions à leur plus simple expression.*

Pour la même valeur d'une fraction, il existe une infinité d'expressions, puisqu'on peut multiplier par le même nombre les deux termes d'une fraction sans changer sa valeur.

De toutes les expressions d'une fraction, celle qui est représentée par les plus petits nombres possibles est dite *la plus simple expression.*

Pour réduire une fraction à sa plus simple expression, c'est-à-dire, pour trouver la fraction la plus simple qui lui soit égale, il faut d'abord connaître les nombres dits *premiers.*

Les nombres dits premiers sont ceux qui ne sont divisibles que par eux-mêmes, ou par l'unité ; 19 n'est divisible que par 19 ou par 1, c'est un nombre premier. Les nombres premiers sont les suivans : 1, 2, 3, 5, 7, 11, 13, 17, 19, 23, 29, 31, 37, 41, 43, etc., etc.

Lorsqu'on proposera de réduire une fraction à sa plus simple expression, il faudra diviser ses deux termes par le nombre premier 2, si la chose est possible ; diviser le quotient obtenu une seconde fois par 2, si la chose est possible; diviser le nouveau quotient une troisième fois par 2 et continuer de la sorte jusqu'à ce que la division par 2 ne soit plus possible : il faudra ensuite diviser d'une manière semblable le dernier quotient obtenu par 3, et continuer, comme précédemment, les divisions par 3 autant de fois que la chose sera possible : on emploiera ensuite comme diviseur le nombre 5 et successivement tous les nombres premiers, jusqu'à ce que l'on soit assuré qu'il n'y ait plus aucun diviseur commun entre le numérateur et le dénominateur de la dernière fraction obtenue, qui sera ainsi *la plus simple expression cherchée.*

Pour trouver la plus simple expression de $\frac{2016}{5796}$ on divisera les deux termes de la fraction par 2, il viendra $\frac{1008}{2898}$; on divisera les deux termes de ce premier résultat par 2, il viendra $\frac{504}{1449}$; la division par 2 n'étant plus possible, on divisera par 3, il viendra $\frac{168}{483}$; on divisera encore par 3, on aura $\frac{56}{161}$; la division par 5 n'est pas possible; mais les deux termes sont divisibles par 7, et il vient $\frac{8}{23}$ en divisant par ce nombre; il n'existe pas de nombre premier qui puisse diviser en même tems 8 et 23, donc $\frac{8}{23}$ est la plus simple expression cherchée de $\frac{2016}{5796}$.

On peut appliquer ce procédé à tout autre fraction.

*Réduction des fractions au même dénominateur.*

Il est toujours possible de changer les expressions de deux ou d'un plus grand nombre de *fractions,* qui ont des dénominateurs différens, de manière à ce que leurs dénominateurs deviennent égaux, sans que cependant les fractions aient changé de valeur : c'est ce qu'on appelle *les réduire au même dénominateur.*

Soit à réduire les deux fractions $\frac{3}{4}$ et $\frac{5}{6}$ au même dénominateur; on multipliera les deux termes de chacune de ces fractions par le dénominateur de l'autre; la première deviendra $\frac{3 \times 6}{4 \times 6}$ (*) ou $\frac{18}{24}$; sa valeur n'aura pas changé, puisque ses deux termes ont été multipliés par le même nombre 6; la seconde

---

(*) Dans les fractions le signe м remplace $\times$.

fraction deviendra $\frac{5 \times 4}{6 \times 4}$ ou $\frac{20}{24}$; sa valeur n'aura pas changé, puisque ses deux termes ont été multipliés par le même nombre 4. Mais les deux fractions ont le même dénominateur, puisque leurs dénominateurs nouveaux sont l'un et l'autre le produit des dénominateurs primitifs.

$\frac{3}{4}$ et $\frac{5}{6}$ seront ainsi représentés par $\frac{18}{24}$ et $\frac{20}{24}$.

Soit à réduire $\frac{3}{4}$, $\frac{5}{6}$ et $\frac{7}{8}$ au même dénominateur; on multipliera les deux termes de chacune de ces fractions par le produit des dénominateurs des deux autres.

Ainsi le numérateur et le dénominateur de la première fraction $\frac{3}{4}$, seront multipliés par 48, produit des dénominateurs 6 et 8 de $\frac{5}{6}$ et de $\frac{7}{8}$; il viendra $\frac{3 \times 48}{4 \times 48}$ ou $\frac{144}{192}$, fraction qui est égale à $\frac{3}{4}$.

Le numérateur et le dénominateur de la seconde fraction $\frac{5}{6}$ seront multipliés par 32, produit des dénominateurs 4 et 8 de $\frac{3}{4}$ et de $\frac{7}{8}$; il viendra $\frac{5 \times 32}{6 \times 32}$ ou $\frac{160}{192}$, fraction qui est égale à $\frac{5}{6}$

Le numérateur et le dénominateur de la troisième fraction $\frac{7}{8}$, seront multipliés par 24, produit des dénominateurs 4 et 6 de $\frac{3}{4}$ et de $\frac{5}{6}$; il viendra $\frac{7 \times 24}{8 \times 24}$ ou $\frac{168}{192}$, fraction qui est égale à $\frac{7}{8}$.

Les fractions $\frac{3}{4}$ $\frac{5}{6}$ $\frac{7}{8}$ sont ainsi devenues $\frac{144}{192}$, $\frac{160}{192}$, $\frac{168}{192}$.

Si l'on avait quatre ou un plus grand nombre de fractions à réduire au même dénominateur, on multiplierait pareillement les deux termes de chacune d'elles par le produit des dénominateurs de toutes les autres. Il sera bon de s'exercer à cette opération.

### *Addition des fractions.*

Pour ajouter entr'elles plusieurs fractions, qui ont *le même dénominateur*, il faut faire la somme des numérateurs de ces fractions, et lui donner le dénominateur commun.

Soit à additionner les fractions $\frac{3}{4}$, $\frac{1}{4}$, $\frac{7}{4}$, $\frac{2}{4}$; on aura, en ajoutant les numérateurs, 15 pour somme ; le résultat cherché sera $\frac{15}{4}$, qui est égal à $3 + \frac{3}{4}$.

Si les fractions que l'on veut ajouter *n'ont pas le même dénominateur*, il faut les réduire à cet état, et en faire ensuite la somme, comme nous venons de l'indiquer. Soit à ajouter $\frac{1}{4}$, $\frac{3}{6}$ et $\frac{7}{8}$ : on remplacera $\frac{1}{4}$ par $\frac{48}{192}$, en multipliant ses deux termes par le produit des dénominateurs 6 et 8, de $\frac{3}{6}$ et de $\frac{7}{8}$. La seconde fraction se remplacera par $\frac{96}{192}$, en multipliant ses deux termes par le produit des dénominateurs 4 et 8 de $\frac{1}{4}$ et de $\frac{7}{8}$. Enfin les deux termes de $\frac{7}{8}$ se multiplieront par le produit des dénominateurs 4 et 6 de $\frac{1}{4}$ et de $\frac{3}{6}$ pour fournir $\frac{168}{192}$. De cette manière les trois fractions $\frac{1}{4}$, $\frac{3}{6}$ et $\frac{7}{8}$ seront remplacées par $\frac{48}{192}$, $\frac{96}{192}$ $\frac{168}{192}$, fractions que l'on ajoutera en faisant la somme 302 de leurs numérateurs, et en donnant à cette somme le dénominateur commun 192 ; de sorte qu'on obtiendra pour résultat cherché $\frac{302}{192}$ qui est égal à $1 + \frac{110}{192}$.

Si l'on avait à opérer sur un plus grand nombre de fractions, on suivrait une marche analogue.

*Soustraction des fractions.*

Si l'on se propose de soustraire deux fractions qui aient *le même dénominateur*, on fera la différence des numérateurs, et on lui donnera le dénominateur commun. Soit à retrancher de $\frac{25}{30}$ la fraction $\frac{6}{30}$ ; on retranche 6 de 25, on obtient 19 pour différence, et on donne à 19 le dénominateur 30 ; le résultat est $\frac{19}{30}$.

Si les deux fractions proposées n'avaient pas le même *dénominateur*, on les réduirait à cet état, et on ferait la différence des fractions résultantes : soit proposé de retrancher $\frac{2}{3}$ de $\frac{5}{7}$ ; on multipliera le numérateur et le dénominateur de $\frac{2}{3}$ par 7, il viendra

$\frac{14}{21}$; on opérera pareillement sur $\frac{5}{7}$ avec le dénominateur 3, il viendra $\frac{15}{21}$; on retranchera $\frac{14}{21}$ de $\frac{15}{21}$, et on aura $\frac{1}{21}$ pour résultat. Pareillement $\frac{6}{9}$ moins $\frac{1}{4}$ donne $\frac{24}{36}$ moins $\frac{9}{36}$ ou $\frac{15}{36}$, pour résultat, etc.

### *Multiplication des fractions.*

Pour multiplier deux fractions entr'elles, on fait le produit de leurs numérateurs, auquel on donne pour dénominateur le produit de leurs dénominateurs. Soit à multiplier $\frac{3}{4}$ par $\frac{5}{6}$, on multipliera entr'eux les numérateurs 3 et 5, ce qui formera 15; on donnera à ce produit le dénominateur 24, formé des dénominateurs 4 et 6 multipliés entr'eux; le résultat cherché sera $\frac{15}{24}$. Pareillement $\frac{2}{3} \times \frac{7}{8} = \frac{14}{24}$.

### *Division des fractions.*

Pour diviser une fraction par une autre, on renverse la fraction diviseur, en prenant son dénominateur pour numérateur et réciproquement, puis on multiplie la fraction dividende par la fraction diviseur, ainsi renversée, ce qui donne le quotient cherché.

Soit à diviser $\frac{2}{3}$ par $\frac{5}{6}$, on renverse la fraction $\frac{5}{6}$, ce qui la change en $\frac{6}{5}$ et l'on multiplie $\frac{2}{3}$ par $\frac{6}{5}$, il vient $\frac{12}{15}$. Pour diviser $\frac{7}{8}$ par $\frac{9}{10}$, on renverse $\frac{9}{10}$, qui se change en $\frac{10}{9}$, puis on multiplie $\frac{7}{8}$ par $\frac{10}{9}$, il vient $\frac{70}{72}$.

### *Des fractions de fractions.*

Partager une fraction en plusieurs parties, et prendre une ou plusieurs de ces parties, c'est *former une fraction de fraction.*

Prendre le $\frac{1}{4}$ de $\frac{5}{6}$, c'est partager $\frac{5}{6}$ en quatre parties égales, ou diviser $\frac{5}{6}$ par 4; ce qui se fait en multipliant le dénominateur de $\frac{5}{6}$ par 4, et ce qui donne pour résultat $\frac{5}{24}$.

Prendre les $\frac{3}{4}$ de $\frac{5}{6}$, c'est partager $\frac{5}{6}$ en 4 parties égales, et prendre trois de ces parties; $\frac{5}{6}$ partagé en 4 parties égales, devient $\frac{5}{24}$, qui, répété

3 fois, ou multiplié par 3, donne (en multipliant son numérateur par 3) $\frac{15}{24}$, résultat cherché.

On remarquera que la méthode précédente donne, pour une fraction de fraction, le même résultat que pour le produit des fractions qui la composent ; ainsi les $\frac{3}{4}$ de $\frac{5}{6}$ fournissent $\frac{15}{24}$, ainsi $\frac{3}{4}$ multiplié par $\frac{5}{6}$ est le produit des numérateurs 3 et 5, divisé par le produit des dénominateurs 4 et 6, ce qui fournit $\frac{15}{24}$ ; effectivement en règle générale, *pour obtenir une fraction de fraction, il faut multiplier entr'elles les fractions qui la composent.* Les $\frac{7}{8}$ de $\frac{5}{6}$ sont la même chose que $\frac{7}{8}$ multiplié par $\frac{5}{6}$, ce qui donne $\frac{35}{48}$.

## CALCUL DES DÉCIMALES.

On entend par *fraction décimale* toute fraction dont le dénominateur est l'unité suivie d'un ou de plusieurs zéros; $\frac{1}{10}$ $\frac{1}{100}$, $\frac{264}{1000}$ etc. sont des fractions décimales.

Les fractions décimales jouissent de la propriété remarquable de *pouvoir être représentées sous forme de nombres entiers.*

On entend par *expression décimale* la représentation d'une fraction décimale sous forme de nombre entier.

*Passer d'une fraction décimale à son expression.*

Pour passer d'une fraction décimale à son expression, on ajoute le *dénominateur* de cette fraction *à son numérateur*, on obtient ainsi une somme que l'on écrit comme nombre entier ; on change ensuite l'unité qui commence cette somme en *une virgule.*

### Exemples.

$\frac{25}{100}$ se change en l'expression ,25, qu'on obtient en ajoutant le dénominateur 100 au numérateur 25, ce qui donne 125, on change la première unité en une virgule, il vient ,25.

Pour exprimer $\frac{145}{1000}$ on ajoute 1000 et 145 ce qu donne 1145 , on change la première unité en une virgule , il vient ,145.

Pour obtenir l'expression décimale de $\frac{15}{10000}$ on additionne 15 et 10000, ce qui donne 10015 ; on change la première unité en une virgule; il vient ,0015.

Pour $\frac{5}{1000000}$ on aura 1000005, dans laquelle somme on changera l'unité en une virgule pour avoir ,000005.

La règle que nous venons d'offrir ne comporte aucune exception.

*Passer d'une expression décimale à la fraction qu'elle représente.*

Pour changer une expression décimale en fraction de même nature, il faut prendre pour numérateur le nombre entier qui entre dans l'expression ; le dénominateur se formera en changeant la *virgule* en *unité* et les chiffres qui la suivent en *zéros*.

Soit proposé de convertir ,5 en fraction décimale; on prendra pour numérateur de la fraction cherchée le nombre entier 5 , et on formera le dénominateur en changeant, dans ,5 , la virgule en unité et le 5 en zéro, ce qui donne $\frac{5}{10}$.

Pour convertir ,35 en fraction décimale, on prendra 35 pour numérateur, on changera la virgule en unité, 3 et 5 en deux zéros et l'on aura pour dénominateur 100 ; ,35 est donc égal à $\frac{35}{100}$.

Pour ,075 on aura au numérateur 75, le dénominateur sera 1000 et la fraction cherchée $\frac{75}{1000}$.

Pour convertir ,0000005 en fraction, on prendra pour numérateur le nombre 5, partie entière de l'expression ; on changera la virgule en unité et les chiffres qui la suivent seront tous considérés comme des zéros, on aura 10000000 pour dénominateur ; la fraction cherchée sera $\frac{5}{10000000}$.

Cette règle ne comporte pas d'exceptions.

*Passer d'un nombre fractionnaire à son expression décimale.*

On donne quelquefois à écrire, sous forme d'expression décimale, une fraction de même nature, *mais plus grande que l'unité*; alors le procédé à suivre est simple : on écrit *le numérateur* de la fraction et on le sépare en deux parties par *une virgule*, qui laisse autant de chiffres sur sa droite qu'il y a *de zéros* dans le dénominateur de la fraction proposée.

Soit proposé de remplacer $\frac{15}{10}$ par une expression décimale ; on écrira 15, et, comme il y a un zéro dans le dénominateur 10, on séparera un chiffre à la droite de 15(le chiffre 5)par une virgule; on aura 1,5.

Soit proposé de remplacer $\frac{155645}{1000}$ par une expression décimale ; on écrira 155645, dans lequel on séparera sur la droite trois chiffres, puisque le dénominateur 1000 a trois zéros ; il viendra 155,645.

Soit proposé de transformer $\frac{1000005072}{100000}$, on aura 1000005072, dans lequel il faudra séparer cinq chiffres par une virgule, puisque le dénominateur 100000 contient cinq zéros; il viendra pour l'expression cherchée 100000,05072.

Cette règle est générale.

*Méthode pour énoncer un nombre entier joint à une expression décimale.*

Si un nombre entier est joint à une expression décimale, on pourra *énoncer le nombre entier*, et ensuite *la fraction* représentée par l'expression décimale.

Soit donné 35,50, on dira trente-cinq,cinq dixièmes.

Soit donné 25000,315, on dira vingt-cinq mille, trois cent quinze millièmes.

On pourra encore énoncer *le nombre proposé* sans avoir égard à la *virgule* et lui donner un dénominateur formé de la *virgule changée en unité*, et des chiffres qui la suivent changés en *zéros*.

Soit proposé 35,05; on pourra donner à 3505, sans

virgule, le dénominateur 100, qu'on obtient en changeant dans (,05) la virgule en unité et 05 en deux zéros; il viendra $\frac{3505}{100}$ ou trois-mille cinq-cent cinq centièmes.

Soit proposé 25000,315 ; on aura 25000315, ayant pour dénominateur 1000, formé en changeant, dans ,315, la virgule en unité, et les trois chiffres de 315 en autant de zéros ; on énoncera cette expression de la manière suivante : vingt-cinq millions trois-cent quinze millièmes.

L'élève devra se familiariser avec les quatre règles précédentes, de manière à les avoir toujours présentes à la mémoire et à pouvoir faire de tête les calculs qu'elles indiquent ; alors il sera en état d'écrire un nombre décimal énoncé, et réciproquement d'énoncer tout nombre décimal réprésenté sous forme d'expression décimale.

*Emploi du zéro et de la virgule pour certaines opérations.*

Avant de nous occuper de l'objet de cet article, nous ferons remarquer qu'on peut ajouter tant de zéros que l'on voudra à la suite d'une expression décimale, sans en changer la valeur ; ainsi ,50=,500, ,356=,3560000 ; etc.....

Maintenant soit proposé de multiplier un nombre entier par 10, 100, 1000, 1000, etc., on mettra à la suite de ce nombre un, deux, trois, quatre, etc. *zéros* et en général *autant de zéros* qu'il y en a dans celui des nombres 10, 100, 1000, etc., par lequel on veut multiplier ; ainsi 165 multiplié par 1000 est égal à 165000.

Quand on veut multiplier un nombre décimal par 10, 100, 1000, etc., on avance la virgule d'autant de rangs vers la droite que le multiplicateur contient de zéros ; ainsi 15,325, multiplié par 100, donne 1532,5 pour résultat ; 153,2755 multiplié par 1000 donne pour résultat 153275,5.

Si le nombre décimal qu'on veut multiplier par 10, 100, 1000, etc., n'a pas assez de chiffres pour permettre la transposition de la virgule, on met à la suite de ce nombre assez de zéros pour que cette opération puisse s'effectuer ; ainsi pour multiplier 2,5 par 1000, on met deux zéros à la suite de cette expression décimale, ce qui n'en change pas la valeur, d'après la remarque ci-dessus ; on a ainsi 2,500 ; on avance alors la virgule de trois rangs, pour multiplier par 1000 ; on a 2500 pour produit.

Quand on veut diviser un nombre entier par 10, 100, 1000, etc., on lui donne une, deux, trois, quatre décimales au moyen d'une virgule ; ainsi 1522 divisé par 1000 est égal à 1,522.

Quand on veut diviser un nombre décimal par 10, 100, 1000, etc., on avance la virgule d'un, de deux, de trois, etc., rangs vers la gauche ; ainsi 356,5 divisé par 100 est égal à 3,565.

Si le nombre entier ou décimal qu'on veut diviser par 10, 100, 1000, etc., n'a pas assez de chiffres pour permettre la transposition de la virgule, on met avant ce nombre assez de zéros pour que cette opération puisse s'effectuer ; ainsi, pour diviser 15 par 10000, on met deux zéros avant 15, on transpose la virgule, et l'on a pour résultat ,0015.

### Addition des expressions décimales.

Pour ajouter entr'elles plusieurs expressions décimales, il faut les placer les unes sous les autres de manière que les virgules et les unités de même nature se trouvent respectivement dans les mêmes colonnes ; on fait ensuite l'addition, sans avoir égard aux virgules et comme s'il s'agissait de nombres entiers ; enfin on place une virgule au résultat de

manière qu'elle corresponde à la colonne des virgules : Exemple

$$456 , 475$$
$$245 , 7324$$
$$62 , 35$$
$$45 ,$$
$$3465 , 64572$$
$$\overline{4275 , 20312}$$

### Soustraction des expressions décimales

Pour soustraire l'une de l'autre deux expressions
décimales, on mettra à la suite de celle des deux
expressions qui a le moins de décimales (si elles n'en
présentent pas le même nombre) assez de zéros pour
qu'il y ait le même nombre de chiffres, après la virgule, dans les deux quantités ; on placera ensuite
la plus petite expression sous la plus grande, de
manière que les virgules et les unités de même nature
se correspondent : alors on opérera comme pour
les nombres entiers , et sans avoir égard aux
*virgules*; enfin on placera dans le résultat une *virgule*
sous celles des nombres.

Soit à retrancher 455,37 de 5950,6455 ; on ajoutera deux zéros au premier nombre qui deviendra
455,3700, et on le retranchera sous cette forme, qui
ne change pas sa valeur, du nombre 5950,6455,
en opérant comme il suit :

$$5950,6455$$
$$455,3700$$
$$\overline{5495,2755}$$

On a eu soin de placer la virgule dans le résultat
sous les virgules des nombres.

Pour retrancher 15,546 de 24, on changera 24
en 24,000 ; on aura l'opération et le résultat
ci-dessous :

$$24,000$$
$$15,546$$
$$\overline{8,454}$$

### Multiplication des expressions décimales.

Pour multiplier entr'elles deux expressions décimales, on effectue la multiplication par la méthode exposée pour les nombres entiers, et sans avoir égard aux virgules; ensuite on sépare sur la droite du résultat, au moyen d'une virgule, autant de décimales qu'il y en a dans le multiplicande et dans le multiplicateur, pris ensemble. *Exemple* :

Soit à multiplier 3,455 par 5,3 on aura

$$
\begin{array}{r}
3,455 \\
5,3 \\
\hline
10365 \\
17275 \\
\hline
\text{Produit } 18,3115
\end{array}
$$

Le résultat a quatre décimales, parce qu'il y en a trois dans le multiplicande et une dans le multiplicateur.

### Division des expressions décimales.

Pour diviser entr'elles deux expressions décimales, on mettra, comme dans la soustraction, à la suite de celle des deux expressions qui a le moins de décimales ( si elles n'en présentent pas le même nombre) assez de *zéros*, pour qu'il y ait le même nombre de chiffres, après la virgule, dans les deux quantités; alors on ne tiendra plus compte des virgules, et on divisera la plus grande des deux quantités par la plus petite, comme s'il s'agissait de nombres entiers; le résultat que l'on obtiendra de cette manière, sera le quotient cherché.

Si l'on avait à diviser 44,35 par 5,55, comme ces deux quantités ont le même nombre de décimales, on supprimerait les virgules, et l'on diviserait 4435 par 555, on obtiendrait $7+\frac{550}{555}$.

Soit à diviser 449,15 par 3,5494 ; il faudra ajouter deux zéros au dividende, il deviendra

449,1500 ; on supprimera ensuite les virgules ; enfin on divisera 4491500 par 35494 ; le quotient sera $126 + \frac{9257}{35494}$.

Si l'on avait à diviser 445,453425 par 2,5, on donnerait à 25 cinq zéros ; on aurait 2,500000 ; on supprimerait les virgules, et on diviserait 445453425 par 2500000 ; nous allons effectuer l'opération.

$$\begin{array}{r|l} 445453425 & 2500000 \\ 2500000 & \overline{178 + \frac{453425}{2500000}}. \\ \hline 19545342 & \\ 17500000 & \\ \hline 20453425 & \\ 20000000 & \\ \hline 453425 & \end{array}$$

Le résultat est $178 + \frac{453425}{2500000}$.

*Méthode pour obtenir, au moyen des décimales le quotient d'une division qui ne s'effectue pas exactement en nombres entiers.*

On sait qu'après avoir poussé une division jusqu'au dernier reste, il faut ajouter à la partie entière du quotient *une fraction*, qui a pour numérateur le dernier reste obtenu, et pour dénominateur le diviseur ; c'est ce que nous avons vu à l'article *des fractions* : le but que l'on se propose ici est de substituer *à cette fraction*, qui complète le-quotient, une expression décimale équivalente.

Si l'on proposait, par exemple, de diviser 50 par 4, on sait que l'on devrait opérer, comme on le voit ci-dessous :

$$\begin{array}{r|l} 50 & 4 \\ 4 & \overline{12} \\ \hline 10 & \\ 8 & \\ \hline 2 & \end{array}$$

On obtiendrait 12 pour quotient ; il faudrait former avec le reste 2 et le diviseur 4 la fraction $\frac{2}{4}$ pour compléter le quotient qui serait $2 + \frac{2}{4}$ ; or on se propose maintenant de substituer à la *fraction* $\frac{2}{4}$ une *expression décimale.*

Le procédé à suivre, dans le cas qui nous occupe, est d'une grande simplicité : après avoir poussé la division ci-dessus (en choisissant cet exemple) jusq'au dernier reste 2, on placera une *virgule* à la suite du quotient entier 12, et on mettra un *zéro* à la suite du dernier reste ; alors on continuera la division comme à l'ordinaire, en divisant 20 par 4, et en mettant le quotient à la suite de la virgule ; on obtiendra ainsi un nouveau reste, à la suite duquel on mettra un *zéro* ; on divisera comme précédemment, en écrivant le nouveau quotient à la suite du précédent : on poussera de la même manière l'opération aussi loin que l'on voudra en mettant un zéro à la suite de chaque nouveau reste : quelquefois elle se terminera, d'autres fois l'on trouvera toujours un reste, qui deviendra de plus en plus petit, et qu'on finira par négliger. Voici l'opération ci-dessus terminée, par le procédé indiqué.

$$
\begin{array}{r|l}
50 & 4 \\
\underline{4} & \overline{12,5} \\
10 & \\
8 & \\
\hline
20 & \\
20 & \\
\hline
0 &
\end{array}
$$

On voit que 50 divisé par 4 donne 12 et $\frac{2}{4}$ pour quotient, ou, si l'on veut user de décimales, 12,5. Ce procédé est général.

*Réduire un nombre fractionnaire ou une fraction en expression décimale.*

S'il s'agissait d'un nombre *fractionnaire*, et qu'on voulût le réduire en *expression décimale*, on diviserait le numérateur par le dénominateur, comme dans l'opération précédente ; c'est ainsi qu'on trouverait que $\frac{50}{4}$ est égal à 12,5. Ce cas, rentrant dans celui que nous venons d'exposer, ne demande pas d'examen plus approfondi.

S'il s'agissait d'une *fraction* ordinaire, par exemple, de $\frac{3}{4}$, que l'on voulût réduire en expression décimale, on mettrait un zéro à la suite du numérateur 3 et une virgule au quotient, ce qui donnerait 3o, qu'on diviserait par 4 ; on obtiendrait 7 pour quotient, et on l'écrirait à la suite de la virgule ; il viendrait 2 pour reste ; on ajouterait un nouveau zéro à ce reste, et on continuerait la division, comme s'il s'agissait de nombres entiers ; si la division ne se terminait pas encore, on la continuerait toujours de la même manière, en mettant un *zéro* à la suite de chaque nouveau reste : voici l'opération :

$$\begin{array}{r|l} 3o & 4 \\ 28 & \overline{\, ,75\,} \\ \hline 20 & \\ 20 & \\ \hline 0 \end{array}$$

On en conclut que $\frac{1}{4}$ est égal à 0,75. Ce procédé s'applique à tout autre fraction, et le quotient qu'on obtient de cette manière est la valeur de la fraction. L'opération se continue quelque fois très-loin et même jusqu'à l'infini. Voici quelques réductions de fractions en décimales :

$$\begin{array}{r|l} 6o & 8 \\ 56 & \overline{\, ,75} \\ \hline 4o & \\ 4o & \\ \hline 0 \end{array} \qquad \begin{array}{r|l} 17o & 25 \\ 15o & \overline{\, ,68} \\ \hline 200 & \\ 200 & \\ \hline 0 \end{array} \qquad \begin{array}{r|l} 7o & 20 \\ 6o & \overline{\, 0,35} \\ \hline 100 & \\ 100 & \\ \hline 0 \end{array}$$

Il résulte de ces exemples que $\frac{6}{8} = ,75$, que $\frac{17}{25} = ,68$, que $\frac{7}{20} = ,35$. Les fractions $\frac{6}{7}, \frac{4}{9}, \frac{4}{11}$ etc. ne peuvent pas se réduire exactement en décimales.

## SYSTÈME MÉTRIQUE.

L'unité à laquelle on rapporte les *longueurs*, les *surfaces*, les *volumes*, les *capacités*, les *poids*, les *monnaies*, prend le nom de *mesure*. Les mesures sont différentes dans les différens pays. On a adopté en France un système de mesures, qui découlent de l'une d'elles, qui est le *mètre* ; c'est pourquoi on désigne leur ensemble sous le nom de *système métrique*.

Le *mètre* est la 40,000,000.$^{me}$ partie du tour de la terre, mesurée en passant par le nord et le sud. Le *mètre* sert à mesurer les *longueurs*.

*La mesure des surfaces* est un carré (*), dont le côté a *dix mètres* ; cette mesure s'appelle *Are*.

La *solidité des corps* a pour mesure *un cube* (**), dont les côtés ont *un mètre* de longueur ; ce cube prend le nom de *stère*.

Pour mesurer *les graines et les liquides*, ou emploie comme unité de mesure *un cube*, dont le côté est *le dixième du mètre* ; cette mesure prend le nom de *Litre*.

Le *poids* en usage est le *gramme* : il est tel que mille grammes représentent le poids exact d'un litre d'eau pure ou *distillée* (***).

L'unité *monétaire* est le *franc*, qui pèse cinq grammes, et contient $\frac{9}{10}$ d'argent fin, et $\frac{1}{10}$ d'alliage. 200 *francs* ont le même poids qu'un litre d'eau,

_______________

(*) *Un carré* est une figure de quatre côtés, dont les côtés et les angles sont égaux.

(**) *Un cube* est un solide terminé par six faces égales et carrées ; les *dés à jouer*, ont la forme cubique : le côté du cube est un quelconque des côtés des carrés qui le composent.

(***) Pesée à 4 degrés au-dessus de *zéro*.

On est convenu d'employer avec les mots *mètre*
*arc*, *stère*, *litre*, *gramme* des mots particuliers, pour
représenter les mois *dix*, *cent*, *mille*, *dix-mille* :
on dit *déca* pour dix, *hecto* pour cent, *kilo* pour
mille, *myria* pour dix-mille. On se sert aussi des mots
*déci* pour représenter *un dixième*, *centi* pour représenter *un centième* et *milli* pour remplacer le
mot *un millième* ; ainsi on dira :

*Myriamètre*, *kilomètre*, *hectomètre*, *décamètre*,
Pour 10000 mètres, 1000 mètres, 100 mètres, 10 mètres;

*décimètre*, *centimètre*, *millimètre*,
Pour $\frac{1}{10}$ de mètre, $\frac{1}{100}$ de mètre, $\frac{1}{1000}$ de mètre ;

*Myriare*, *hectare*,
Pour 10000 ares, 100 ares ;

*Décastère*,
Pour     dix stères;

*Myrialitre*, *kilolitre*, *hectolitre*, *décalitre*,
Pour 10000 litres, 1000 litres, 100 litres, 10 litres;

*décilitre*, *centilitre*, *millilitre*,
Pour $\frac{1}{10}$ de litre, $\frac{1}{100}$ de litre, $\frac{1}{1000}$ de litre ;

*Myriagram*., *kilogram*., *hectogram*., *décagram*.,
Pour 10000 gr.es., 1000 gr.es., 100 gr.es., 10 gr.es.;

*décigramme*, *centigramme*, *milligramme*,
Pour $\frac{1}{10}$ de gramme, $\frac{1}{100}$ de gramme, $\frac{1}{1000}$ de gramme ;

Un dixième de franc se nomme *décime*, un centième *centime*.

On voit, d'après le tableau ci-dessus, que *l'usage
n'a pas adopté pour toutes les mesures* la jonction
de tous les mois *déca*, *hecto*, *kilo*, etc.

Toutes les subdivisions des mesures ci-dessus,
sont des *fractions décimales*; il en résulte qu'elles
se représentent sous forme de *nombres entiers*, c'est-
à-dire, en *expressions décimales*.

*Les opérations dans lesquelles il entre des nouvelles
mesures se font d'après les règles du calcul décimal.*

## DES NOMBRES COMPLEXES.

On entend par nombre complexe (*) un assemblage d'unités et de parties d'unités, qui sont exprimées par des fractions différentes des fractions décimales. Toutes les anciennes mesures de la France s'exprimaient par des nombres complexes, et la plus grande partie des peuples usent encore de systèmes de mesures représentées de cette manière. Nous croyons convenable d'exposer les opérations à faire sur les nombres complexes, parcequ'on en fait encore usage en France, dans beaucoup d'arts, et parceque les relations, que l'on peut avoir avec les peuples étrangers, en rendent la connaissance très-nécessaire. Ces opérations présentent enfin un très-bon moyen pour se familiariser avec le calcul. Nous ne parlerons ici que des anciennes mesures de notre pays ; les méthodes, que nous donnerons, s'appliqueront facilement à celles des autres contrées.

Le tableau suivant contient l'exposé des anciennes mesures, et les signes qui sont consacrés à leur représentation.

### Mesures des longueurs.

| | |
|---|---|
| T signifie *toise* | Une toise vaut 6 *Pieds.* |
| P . . . . *pied* | Un Pied . . . 12 *pouces.* |
| p . . . . *pouce* | Un pouce. . . 12 *lignes.* |
| l . . . . *ligne* | |

---

(*) Par opposition, on donne le nom d'*incomplexe* à un nombre *entier*, c'est-à-dire, qui n'est pas accompagné de parties de l'unité.

## Mesures des poids.

| l . signifie *livre* | Une livre  vaut 16 *Onces*. |
| O . . . . *once* | Une Once . . . 8 *Gros*. |
| G . . . . *gros* | Un Gros . . . 72 *grains*. |
| g . . . . *grain* | |

## Monnaies.

| ₶ signifie *livre* | Une livre  vaut 20 *sous*. |
| ſ . . . . *sou* | Un sou. . . . 12 *deniers*. |
| ∂ . . . . *denier* | |

## Mesures du temps.

| J signifie *jour* | Un jour  vaut 24 *heures*. |
| H . . . . *heure* | Une heure . . . 60 *minutes*. |
| ' . . . . *minute* | Une minute . . 60 *secondes*. |
| " . . . . *seconde* | |

### De l'addition des nombres complexes.

Pour additionner des nombres complexes, on les place les uns sous les autres, de manière que leurs unités de même espèce se trouvent dans des colonnes correspondantes, comme dans l'exemple suivant :

$$
\begin{array}{cccc}
T & P & p & l \\
3225 & - 5 & - 6 & - 9 \\
4549 & - 4 & - 3 & - 6 \\
6720 & - 4 & - 7 & - 11 \\
2222 & - 3 & - 11 & - 11 \\
\hline
16719 & - 0 & - 6 & - 1
\end{array}
$$

On additionne d'abord les unités de la plus petite espèce ; dans l'exemple qui nous occupe on trouve, en additionnant les lignes, 37 lignes ; on cherche combien ce premier résultat contient d'unités de l'ordre supérieur, c'est-à-dire de pouces ; cela se fait en divisant 37 par 12, qui indique combien

il

il faut de lignes pour composer un pouce; on obtient
un quotient et un reste ; le quotient est 3 et le
reste 1 ; on n'écrit que le reste à la somme , et on
porte le quotient à la colonne suivante, à laquelle on
le joint comme retenue. On additionne ensuite les
unités de la seconde colonne à droite , ce qui donne
avec la retenue 30 P; on cherche combien cette
somme donne d'unités de l'ordre supérieur, c'est-
à-dire, de pieds, ce qui se fait en divisant 30
par 12 , parce qu'il faut 12 pouces pour former
un pied ; on obtient 2 pour quotient, 6 pour reste ;
on n'écrit que le reste 6 au-dessous de la colonne
additionnée. On passe à la troisième colonne, sur
laquelle on opère d'une manière absolument analogue aux opérations précédentes ; on lui ajoute la
retenue 2 ; elle donne 18 pour somme ; on divise
18 par 6, pour obtenir les toises contenues dans
18 pieds ; on obtient 3 pour quotient, o pour reste ;
on écrit o sous la colonne additionnée. Enfin on
joint 3 à la colonne des toises, on l'additionne ,
et l'on trouve un dernier résultat 16719, que l'on
écrit tel qu'il se présente. La méthode que nous
venons d'appliquer aux toises s'applique d'une manière tout-à-fait analogue *aux livres-poids, livres-
monnaie et autres nombres complexes.* Voici quelques exemples :

|  | l | O | G | g |
|---|---|---|---|---|
|  | 2321 | 15 | 5 | 45 |
|  | 5200 | 0 | 0 | 0 |
|  | 2455 | 11 | 7 | 59 |
|  | 1711 | 10 | 7 | 42 |
|  | 11689 | 6 | 5 | 2 |

On additionne ici les grains, on trouve pour somme
146 , qu'on divise par 72; il vient 2 au quotient et
2 pour reste ; on écrit le reste 2 : on joint le quotient à la colonne suivante , elle donne 21 pour
somme ; 21 divisé par 8, donne un quotient égal à
2 et un reste égal à 5 ; on écrit 5 au résultat.

3

La colonne des onces, augmentée de la retenue de la colonne précédente, donne 38, qui, divisé par 16, donne 2 au quotient, 6 au reste; on écrit ce reste, on joint la retenue 2 aux livres, et on écrit à la somme le résultat 11689 de la dernière espèce d'unités.

L'addition suivante contient des livres, sous et deniers.

$$5555^{tt} - 15^s - 5^{\text{à}}$$
$$22 - 11 - 10$$
$$45321 - 17 - 9$$
$$4327 - 18 - 11$$
$$175722 - 6 - 0$$
$$\overline{230950 - 9 - 11}$$

Dans cette opération la somme des deniers est 35; divisée par 12, elle donne 2 pour quotient, 11 pour reste; on écrit 11 dans la colonne des deniers; la colonne des sous, augmentée de 2 unités de retenue, donne 69 pour somme; ce qui forme $3^{tt}$ et $9^s$; on écrit 9 au résultat; et on joint 3 à la colonne des livres, qui donne ainsi pour somme 230950.

Enfin pour additionner des jours, heures, minutes, et secondes; on fera la somme des secondes, on divisera cette somme par 60, on écrira le reste dans la colonne des secondes; on joindra la retenue aux minutes; la somme des minutes se divisera aussi par 60, celle des heures par 24; celle des jours s'écrira telle qu'elle se présente. *Exemple :*

$$25 - 23 - 55' - 49''$$
$$15 - 17 - 11 - 23$$
$$1 - 0 - 18 - 18$$
$$\overline{42 - 17 - 25 - 30}$$

*Soustraction des nombres complexes.*

La soustraction des nombres complexes exige que l'on place le plus petit des nombres proposés sous le plus grand de manière que leurs unités de même nature se correspondent; alors il peut se présenter trois cas que nous allons examiner à mesure que nous les énoncerons.

Le premier cas existe lorsque chaque collection d'unités du plus grand nombre est plus grande que la collection correspondante du plus petit, comme dans l'exemple suivant :

$$35 - 5 - 6 - 11$$
$$15 - 3 - 2 - 6$$
$$\overline{20 - 2 - 4 - 6}$$

Alors l'opération se fait en retranchant le nombre inférieur du nombre supérieur, dans chaque colonne de nature différente, et l'ensemble des restes forme le résultat cherché; dans l'exemple ci-dessus :

on retranche $6^l$ de $11^l$, on obtient $5^l$ pour reste;
on retranche $2^p$ de $6^p$, on obtient $4^p$ pour reste;
on retranche $3^p$ de $5^p$, on obtient $2^p$ pour reste;
on retranche $15^T$ de $35^T$, on obtient $20^T$ pour reste;
et le résultat cherché est $20^T - 2^p - 4^p - 5^l$.

Le second cas de la soustraction existe lorsqu'une ou plusieurs des collections significatives d'unités du nombre supérieur sont plus petites que les collections correspondantes du nombre inférieur. *Exemple* :

$$527 - 6 - 3 - 12$$
$$221 - 9 - 5 - 69$$
$$\overline{305 - 12 - 5 - 15}$$

Alors il faut avoir recours à la méthode des *emprunts*, qui consiste ici à augmenter la collection trop petite d'autant d'unités qu'il en faut pour en former une de la collection immédiatement supérieure, et à diminuer cette collection supérieure d'une seule unité ; de cette manière la soustraction devient possible. Dans l'exemple qui nous occupe on ne peut retrancher 69 grains de 12 grains, on augmente $12^g$ de $72^g$; ce qui donne $84^g$; dont on retranche $69^g$, on obtient 15 pour reste. Par l'effet de l'emprunt précédent $3^G$ se reduisent à $2^G$; on ne peut retrancher $5^G$ de $2^G$; il faut recourir à un nouvel emprunt, qui augmente $2^G$ de $8^G$ et le change en $10^G$; on retranche $5^G$ de $10^G$, on obtient au reste $5^G$. Les $6^o$, se trouvent réduits à $5^o$, puisqu'on leur a emprunté $1^o$; il faut emprunter pour les onces une livre qui vaut $16^o$, qui augmente $5^o$ de $16^o$, et les change en $21^o$; en retranchant $9^o$ de $21^o$, on obtient $12^o$ pour reste. Enfin on retranche $221^l$ de $526^l$, le reste est 305, et le résultat total donne $305^l - 12^o - 5.^G - 15^g$.

Dans le troisième cas de la soustraction, il manque au nombre supérieur, une ou plusieurs de ses collections d'unités, comme dans les exemples suivans :

$$325^{tt} - 0^{o} - 11^{a}$$
$$\underline{209 - 15 - 4}$$
$$115 - 5 - 7$$

Ici il manque au nombre supérieur des unités pour former la collection des sous ; mais la collection des deniers n'a pas besoin d'emprunter à celle des sous ; alors on agit tout simplement comme dans le cas précédent ; on emprunte $1^{tt}$ à $325^{tt}$ qui deviennent $324^{tt}$, et on reporte cette livre sur la collection des sous, qu'on change en 20 sous ; la soustraction devient ainsi possible.

$$524^{l} - 0^{n} - 0^{\prime} - 12^{\prime\prime}$$
$$\underline{220 - 7 - 4 - 50}$$
$$305 - 16 - 55 - 22$$

Dans cet exemple, il manque des collections d'unités, lesquelles sont suivies d'unités d'un ordre inférieur, ayant besoin d'un emprunt. Il manque des heures

et des minutes au plus grand nombre , et les secondes exigent un emprunt : alors il faut emprunter
une unité à la collection significative qui se présente
la première à gauche , aux *jours*; on reporte
sur les heures le jour enlevé aux $524^j$; il vaut 24
heures ; on enlève une heure à ces 24 heures, qui
se réduisent à 23 ; de cette heure $59'$, se placent
sur le zéro des minutes, et une minute changée en 60
secondes, se joint aux $12''$; de sorte que le nombre
supérieur devient $523^j$—$23^h$—$59'$—$72''$; et la soustraction, devenant ainsi possible, donne pour reste
$303^j$—$16^h$—$55'$—$22''$.

Soit encore proposée la soustraction suivante :

$$216^{tt}—\ 0^s—0^a$$
$$110\ —\ 17\ —\ 7$$
$$\overline{105\ —\ 2\ —\ 5}$$

Dans cet exemple le nombre supérieur ne contient
que des unités de la plus grande espèce ; on le traite
comme dans l'exemple précédent , le nombre supérieur devient $215^{tt}$— $19^s$— $20^a$ et la soustraction
s'effectue alors sans difficulté.

Il résulte de ce' que nous venons de voir que
dans le troisième cas de la soustraction des nombres
complexes, qui existe lorsqu'il manque quelque
collection d'unité au plus grand nombre, il faut user
d'une méthode qui consiste à diminuer d'une unité la
collection significative, qui précède immédiatement
les zéros ; à changer les zéros, intermédiaires à la
colonne significative citée et à la collection pour laquelle on emprunte, chacun en autant d'unités moins
une qu'il en faut de son rang pour former une unité
de l'ordre immédiatement supérieur ; à augmenter la
collection pour laquelle on a emprunté d'autant d'u-
nités qu'il en faut pour en former une de l'ordre
supérieur : alors la soustraction est devenue possible et s'effectue comme dans le premier cas. Ce
résumé est exact; mais il est peut-être peu intel-

ligible pour les personnes non versées dans l'étude des mathématiques ; c'est pourquoi nous conseillons aux commençans de faire plusieurs exemples de soustractions, avant de le lire attentivement ; alors seulement ils se pénétreront bien de l'esprit de la méthode indiquée dans cet article.

### Multiplication des nombres complexes.

Avant d'entrer dans les détails du genre d'opération qui va nous occuper nous prescrirons quelques préparations (*) qui sont communes à toutes les multiplications de nombres complexes.

La première préparation consiste à changer en fractions toutes les parties du multiplicande et du multiplicateur inférieures à leur unité principale ; ainsi soit à multiplier $5^{tt}$—$4^{s}$—$6^{a}$ par 9, on change $4^{s}$ et $6^{a}$ (qui sont dans le multiplicateur les parties inférieures à l'unité principale $5^{tt}$) en $\frac{4}{20}$ et $\frac{6}{12}$. Les fractions par lesquelles on remplace les parties inférieures à l'unité principale sont formées *du nombre remplacé pris pour numérateur et d'un dénominateur qui indique combien il faut d'unités du nombre remplacé pour enformer une de l'ordre qui lui est supérieur.* Nous allons faire concevoir cette règle par

---

(*) Les trois premiers paragraphes de cet article conduisent à des résultats auxquels les personnes familiarisées avec le calcul parviennent par le simple secours de la pensée, en liant d'une manière très-rapide les combinaisons que nous prescrivons. Nous avons regardé comme une chose utile de présenter les détails de ces combinaisons, car nous avons supposé qu'autrement on ne pourrait obtenir que très-difficilement les résultats d'opérations, dont on ne connaîtrait pas les parties.

Nous avons fait voir dans la note de la page 60 comment on parvient avec promptitude au résultat définitif de ces trois paragraphes, quand on a déjà acquis une certaine habitude de calculer.

quelques exemples : $5^{tt} - 4^s - 6^d$ se changent en $5^{tt} - \frac{4}{20} - \frac{6}{12}$ ; on voit que $4^s$ est remplacé par une fraction $\frac{4}{20}$ dont le numérateur est le nombre $4$, et dont le dénominateur $20$ indique le nombre de sous qu'il faut pour faire une livre ; $6$ deniers est remplacé par $\frac{6}{12}$, dont le numérateur est le nombre $6$ et dont le dénominateur est le nombre $12$, qui indique combien il faut de deniers pour faire un sou.

On remplacera pareillement ;

$$17^l - 12^0 - 6^G - 55\delta \quad \text{par} \quad 17^l - \tfrac{12}{16} - \tfrac{6}{8} - \tfrac{55}{72}$$
$$555^T - 4^p - 7^p - 6^l \quad \text{par} \quad 555^T - \tfrac{4}{6} - \tfrac{1}{2} - \tfrac{6}{72}$$
$$315^J - 16^{II} - 17' - 45'' \quad \text{par} \quad 315^J - \tfrac{16}{24} - \tfrac{17}{60} - \tfrac{45}{60}$$

La première préparation est toujours suivie d'une seconde qui consiste à remplacer les fractions qui résultent de la première par d'autres fractions plus simples, lesquelles doivent toutes avoir l'unité pour numérateur ; ainsi, par exemple, pour $5^{tt} - 4^s - 6^d$, qui donnent $5^{tt} - \frac{4}{20} - \frac{6}{12}$, on remplace $\frac{4}{20}$ par $\frac{1}{5}$ et $\frac{6}{12}$ par $\frac{1}{2}$ ; mais il faut observer que cette seconde préparation ne s'effectue pas toujours aussi facilement que pour $\frac{4}{20}$ et $\frac{6}{12}$, et il faut se mettre en état de l'opérer dans les cas les plus difficiles.

En conséquence supposons qu'on ait un multiplicande ou un multiplicateur égal à $17^l - 12^0 - 6^G - 55\delta$ ; on le ramènera d'abord à $17^l - \frac{12}{16} - \frac{6}{8} - \frac{55}{72}$ ; et il s'agira de changer $\frac{12}{16}$, $\frac{6}{8}$ et $\frac{55}{72}$ en *fractions plus simples ayant l'unité pour numérateur.*

Prenons d'abord $\frac{12}{16}$ ; on formera le tableau suivant des diviseurs du dénominateur $16$ :

16 divisé par  2 donne 8 pour quotient.
16 divisé par  8 donne 2 pour quotient.
16 divisé par  4 donne 4 pour quotient.
16 divisé par 16 donne 1 pour quotient.

On réunira ceux des quotiens dont la somme forme le numérateur 12, et l'on verra que $12 = 8 + 4$; on en conclura que $\frac{12}{16} = \frac{8}{16} + \frac{4}{16}$ ou $\frac{12}{16} = \frac{1}{2} + \frac{1}{4}$, en réduisant $\frac{8}{16}$ et $\frac{4}{16}$ à leur plus simple expression.

On appliquera ce procédé à $\frac{6}{8}$, on verra

que 8 divisé par 2 donne 4 pour quotient;
8 divisé par 4 donne 2 pour quotient;
8 divisé par 8 donne 1 pour quotient.

On réunira ceux de ces quotiens dont la somme forme le numérateur 6, on aura $6 = 4 + 2$; on en conclura $\frac{6}{8} = \frac{4}{8} + \frac{2}{8}$, ou $\frac{6}{8} = \frac{1}{2} + \frac{1}{4}$, en réduisant $\frac{4}{8}$ et $\frac{2}{8}$ à leur plus simple expression.

Pour $\frac{55}{72}$ on se servira de la même marche; ainsi on formera le tableau des diviseurs de 72 et des quotiens qui leur correspondent; on verra que

72 divisé par 2 donne 36 pour quotient.

|  |  |
|---|---|
| 3 | 24 |
| 4 | 18 |
| 6 | 12 |
| 8 | 9 |
| 9 | 8 |
| 12 | 6 |
| 18 | 4 |
| 24 | 3 |
| 36 | 2 |
| 72 | 1 |

On choisira dans ces quotiens un assemblage propre à fournir 55 pour somme; on aura $55 = 36 + 18 + 1$; on en conclura $\frac{55}{72} = \frac{36}{72} + \frac{18}{72} + \frac{1}{72}$, ou $\frac{55}{72} = \frac{1}{2} + \frac{1}{4} + \frac{1}{72}$. On pourrait employer tout autre assemblage que $36 + 18 + 1$, prendre, par exemple, $55 = 24 + 18 + 6 + 4 + 2 + 1$; on aurait alors $\frac{55}{72} = \frac{1}{3} + \frac{1}{4} + \frac{1}{12} + \frac{1}{18} + \frac{1}{36} + \frac{1}{72}$; etc....Le procédé que nous venons de mettre en pratique sur les fractions $\frac{12}{16}$, $\frac{6}{8}$ et $\frac{55}{72}$ s'appliquera d'une manière analogue à toute fraction.

Voici quelques exemples qui présentent des nombres complexes accompagnés des changemens qu'ils éprouvent en subissant les deux préparations précédentes.

Nombre compl. $15^{H}-18^{s}$      $-10^{8}$

$1^{re}$. Préparation $15 \quad -\frac{18}{20}$      $-\frac{10}{12}$

$2^{me}$. Préparation $15 \quad -(\frac{1}{2}, \frac{1}{4}, \frac{1}{10}, \frac{1}{20})-(\frac{1}{2}, \frac{1}{3})$

Nombre compl. $45^{l}-14^{o}$    $-7^{G}$     $-58^{s}$

$1^{re}$. Préparation $45 \quad -\frac{14}{16}$     $-\frac{7}{8}$     $-\frac{58}{72}$

$2^{me}$. Préparation $45 \quad -(\frac{1}{2}, \frac{1}{4}, \frac{1}{8})-(\frac{1}{2}, \frac{1}{4}, \frac{1}{8})-(\frac{1}{2}, \frac{1}{3}, \frac{1}{9})$

Nombre compl. $22^{T}-4^{P}$    $-9^{P}$    $-10^{l}$

$1^{re}$. Préparation $22 \quad -\frac{4}{6}$     $-\frac{9}{12}$     $-\frac{10}{12}$

$2^{me}$. Préparation $22 \quad -(\frac{1}{2}, \frac{1}{6})-(\frac{1}{2}, \frac{1}{4})-(\frac{1}{2}, \frac{1}{3})$

On peut remarquer, en comparant les deuxièmes et troisièmes lignes des exemples ci-dessus, que les dénominateurs, que l'on rencontre dans les résultats de la première préparation, ne se répètent pas toujours dans les résultats correspondans de la seconde préparation.

Ainsi dans le premier exemple $\frac{12}{20}$ est remplacé par les fractions $\frac{1}{2}+\frac{1}{4}+\frac{1}{10}+\frac{1}{20}$ parmi lesquelles on trouve *la fraction* $\frac{1}{20}$ *de même dénominateur que* $\frac{12}{20}$, et, dans le même exemple, $\frac{10}{12}$ est remplacé par les fractions $\frac{1}{2}$ et $\frac{1}{3}$, parmi lesquelles il n'existe pas *de dénominateur égal à* 12,

Dans le deuxième exemple, on ne trouve pas parmi les fractions $(\frac{1}{2}, \frac{1}{4}, \frac{1}{8})$, $(\frac{1}{2}, \frac{1}{4}, \frac{1}{8})$, $(\frac{1}{2}, \frac{1}{3}, \frac{1}{9})$, qui remplacent $\frac{14}{16}$, $\frac{7}{8}$ et $\frac{58}{72}$, de dénominateur égal pour les premières à 16 ; pour les secondes à 8, pour les troisièmes à 72.

Dans le troisième exemple, $\frac{4}{6}$ est remplacé par $\frac{1}{2}$ et $\frac{1}{6}$, parmi ces fractions il se trouve un dénominateur égal à celui de $\frac{4}{6}$ : mais $\frac{9}{12}$ et $\frac{10}{12}$ ne fournissent pas, en les décomposant, la fraction de même dénominateur, $\frac{1}{12}$.

Or, en règle générale, excepté pour les frac-
★

tions qui résultent de la dernière partie d'un nombre complexe, *toutes les fois que les dénominateurs qui se présentent dans les résultats de la première préparation ne se retrouvent pas dans les résultats correspondans de la seconde préparation, on doit ajouter à ceux-ci une fraction barrée, ayant 1 pour numérateur et dont le dénominateur soit le même que celui de la fraction obtenue dans la première préparation.*

Ainsi dans le nombre complexe $45^l$—$14^o$—$7^G$—$58^s$ on voit ci-dessus $\frac{14}{16}$ remplacé par$(\frac{1}{2}+\frac{1}{4}+\frac{1}{8})$ et, la fraction $\frac{4}{16}$ ne se trouvant pas parmi ces dernières, la règle précédente exige qu'on l'y introduise, en la barrant ; on aura $(\frac{1}{2}+\frac{1}{4}+\frac{1}{8}+\frac{1}{16})$. On voit ensuite $\frac{7}{8}$ remplacé par $(\frac{1}{2}+\frac{1}{4}+\frac{1}{8})$ ; mais parmi ces fractions se trouve $\frac{1}{8}$, et il en résulte qu'il n'y a aucune modification à leur faire subir. Enfin $\frac{58}{72}$ est remplacé par $(\frac{1}{2}+\frac{1}{3}+\frac{1}{9})$, $\frac{1}{72}$ ne se trouve pas dans ces résultats et néanmoins on ne l'introduit pas, attendu que $\frac{58}{72}$ provient de 58 grains qui forment la dernière partie du nombre complexe.

Dans le troisième exemple ci-dessus, il ne se trouve que la fraction $\frac{9}{12}$ qui, remplacée par$(\frac{1}{2}+\frac{1}{4})$ puisse donner lieu à l'application d'une troisième préparation, pour laquelle on aura 22 $^T$ -$(\frac{1}{2},\frac{1}{6})$-$(\frac{1}{2},\frac{1}{4},\frac{1}{24})$-$(\frac{1}{2},\frac{1}{3})$.

Voici quelques exemples dans lesquelles la troisième préparation est exécutée d'après les principes que nous venons d'établir

| | | | |
|---|---|---|---|
| Nombre compl. | $48^t$-$15^s$ | $-11^k$ | |
| $1^{re}$. Préparation | $48$ $-\frac{15}{20}$ | $-\frac{11}{12}$ | |
| $2^{me}$. Préparation | $48$ $-(\frac{1}{2},\frac{1}{4})$ | $-(\frac{1}{2},\frac{1}{4},\frac{1}{6})$ | |
| $3^{me}$. Préparation | $48$ $-(\frac{1}{2},\frac{1}{4},\frac{1}{24})$ | $-(\frac{1}{2},\frac{1}{4},\frac{1}{6})$ | |
| Nombre compl. | $315^l$ $-14^o$ | $-4^G$ | $-62^s$ |
| $1^{re}$. Préparation | $315$ $-\frac{14}{16}$ | $-\frac{4}{8}$ | $-\frac{62}{72}$ |
| $2^{me}$. Préparation | $315$ $-(\frac{1}{2},\frac{1}{4},\frac{1}{8})$ | $-(\frac{1}{2})$ | $-(\frac{1}{2},\frac{1}{4},\frac{1}{9})$ |
| $3^{me}$. Préparation | $315$ $-(\frac{1}{2},\frac{1}{4},\frac{1}{8},\frac{1}{16})$ | $-(\frac{1}{4},\frac{1}{8})$ | $-(\frac{1}{2},\frac{1}{4},\frac{1}{9})$ |

| Nombre compl. | $29^T$ | $-3^P$ | $-10^P$ | $-9^l$ |
|---|---|---|---|---|
| 1<sup>re</sup>. Préparation | $29$ | $-\frac{3}{6}$ | $-\frac{10}{12}$ | $-\frac{9}{12}$ |
| 2<sup>me</sup>. Préparation | $29$ | $-(\frac{1}{2})$ | $-(\frac{1}{2},\frac{1}{3})$ | $-(\frac{1}{2},\frac{1}{4})$ |
| 3<sup>me</sup>. Préparation | $29$ | $-(\frac{1}{2},\frac{1}{4})$ | $-(\frac{1}{2},\frac{1}{3},\frac{1}{4\times})$ | $-(\frac{1}{2},\frac{1}{4})$ |

Il est indispensable de bien connaître les mutations dont nous venons de parler pour être en état
d'effectuer une multiplication de nombres complexes; c'est pourquoi nous engageons les élèves à
se les rendre familières avant de pousser plus loin.

Nous allons maintenant faire connaître la marche
à suivre pour multiplier un nombre complexe par un
nombre incomplexe (*), et à cet effet, nous expliquerons la multiplication suivante de $1517^l-15^o-6^G-54^s$.
par 1765.

$$1517^l \quad 15^o \quad 6^G \quad 54^s$$
$$1765$$

|  |  | | | | |
|---|---|---|---|---|---|
|  |  | $75851$ | | | |
|  |  | $9102.$ | | | |
|  |  | $10619..$ | | | |
|  |  | $1517...$ | | | |
| 15 16 | $\frac{1}{2}$ $\frac{1}{4}$ $\frac{1}{8}$ $\frac{1}{16}$ | $882$ $441$ $220$ $110$ | $8^o$ $4$ $10$ $5$ | | |
| 6 8 | $\frac{1}{2}$ $\frac{1}{4}$ $\frac{1}{8}$ | $55$ $27$ $13$ | $2$ $9$ $+2$ | $4^G$ $2$ $5$ | |
| 15 16 | $\frac{1}{2}$ $\frac{1}{6}$ $\frac{1}{8}$ $\frac{1}{36}$ | $6$ $2$ $0$ $0$ | $14$ $4$ $12$ $6$ | $2$ $6$ $2$ $1$ | $36^s$ $12$ $4$ $2$ |
|  |  | $2679252^l$ | $12^o$ | $1^G$ | $54^s$ |

Comme on le voit, pour faire cette opération on place le multiplicateur au-dessous du multiplicande, on les souligne, et on multiplie d'abord la partie principale $1517^l$, du multiplicande par les chiffres du multiplicateur, on écrit les résultats partiels 7585, 9102, 10619, 1517, qui en proviennent comme lorsqu'il s'agit d'une multiplication ordinaire.

Cela posé, on place dans une même colonne, à gauche et au-dessous des produits obtenus précédemment, toutes les fractions qui résultent de la troisième opération (**) prescrite antérieurement.

---

le produit est une quantité *de même nature que le multiplicande.*

*D'après la théorie*, le multiplicateur doit être considéré, s'il est incomplexe, comme un nombre *abstrait* ( Voyez la note de la page 75); s'il est complexe, comme un nombre *abstrait* accompagné *de fractions*; mais il n'y a pas d'inconvénient à laisser *dans la pratique* au multiplicande et au multiplicateur la désignation de l'espèce de leurs unités; c'est pourquoi nous en agirons ainsi.

(**) Il est facile aux personnes qui ont l'habitude du calcul, de trouver ces fractions par le simple secours de la pensée, l'opération en devient plus prompte.

Elles diront, 15 onces se composent de 8 onces ou $\frac{1}{2}l$, je pose $\frac{1}{2}$;—de 4 onces ou $\frac{1}{4}l$, je pose $\frac{1}{4}$;—de 2 onces ou $\frac{1}{8}l$, je pose $\frac{1}{8}$;— de 1 once ou $\frac{1}{16}l$, je pose $\frac{1}{16}$.

Pour 6 gros, elles auront 4 gros ou $\frac{1}{2}$ once, elles poseront $\frac{1}{2}$;— pour 2 gros ou $\frac{1}{4}$ d'once elles poseront $\frac{1}{4}$; elles introduiront 1 gros ou $\frac{1}{8}$ d'once, comme partie auxiliaire et elles barreront la fraction $\frac{1}{8}$, comme ne servant qu'à faciliter l'opération.

54 grains fourniraient d'une manière analogue $\frac{1}{2}, \frac{1}{8}, \frac{1}{18}, \frac{1}{36}$.

Lorsque les élèves seront en état d'exécuter parfaitement une multiplication quelconque de nombres complexes en suivant la méthode que nous avons prescrite, ils verront que *la manière abrégée* d'opérer n'est qu'une liaison rapide des préparations qu'ils connaissent, ils saisiront parfaitement d'eux-mêmes cette liaison et *c'est alors seulement qu'ils feront bien de l'employer.*

On a soin de partager les fractions qui proviennent d'une même partie du multiplicande, en les embrassant par une accolade, au-dehors de laquelle on place la fraction unique qu'elles représentent.

Ainsi dans l'exemple qui nous occupe, les fractions $\frac{1}{2},\frac{1}{4},\frac{1}{8}$, $\frac{1}{16},\frac{1}{2},\frac{1}{4}$, $\frac{1}{32},\frac{1}{2},\frac{1}{6},\frac{1}{8}$, $\frac{1}{20}$ ont été placées les unes au-dessous des autres, dans l'ordre suivant lequel on les obtient de la troisième préparation du multiplicande ; on a ensuite embrassé par une seule accolade, précédée de la fraction $\frac{15}{16}$, les fractions $\frac{1}{2},\frac{1}{4},\frac{1}{8},\frac{1}{16}$ qui en résultent ; on a embrassé par une seule accolade, précédée de la fraction $\frac{6}{9}$, les fractions $\frac{1}{2},\frac{1}{4},\frac{1}{8},\frac{1}{9}$ qui en résultent ; enfin on a embrassé par une seule accolade, précédée de la fraction $\frac{54}{72}$, les fractions $\frac{1}{2}$, $\frac{1}{6}$, $\frac{1}{18}$, $\frac{1}{36}$ qui en résultent.

Quand tout est disposé comme nous venons de le prescrire, il reste à terminer l'opération en em-ployant *une suite de divisions très-faciles à exé-cuter, parce que leur quotient est très-petit.*

Pour obtenir les résultats correspondant aux frac-tions de la première accolade, *on prend le multi-plicateur pour point de départ, en le regardant comme exprimant des unités de même nature que le multiplicande,* et l'on est à même de reconnaître quels sont ces résultats, en divisant successivement ce multiplicateur, considéré comme représentant 1765 *livres*, par le dénominateur de chaque fraction.

Ainsi le résultat 882$^l$ — 8$^o$ (*), qui provient

---

(*) Pour obtenir 882 $^l$—8$^o$, je prends la moitié de 1765 l, en disant : la moitié de 17 centaines est de 8 centaines, pour 16 ; je pose 8 dans la colonne des centaines et je reporte l'unité restante ; qui vaut dix unités de l'ordre inférieur, sur 6, qui se change en 16 ; la moitié de 16 est de 8, je pose 8 ; la moitié de 5 est de 2 pour 4, je pose 2, et je change l'unité restante en 16 onces ; la moitié de 16 onces est de 8 onces, je pose 8 dans la colonne des onces,

de la division de 1765$^l$ par 2, est celui qui correspond à la fraction $\frac{1}{2}$.

Le résutlat 441$^l$ —4$^o$, qui provientde la division de 1765$^l$ par 4, est celui qui correspond à la fraction $\frac{1}{4}$.

Le résultat 220$^l$—10$^o$, qui provient de la division de 1765 par 8, est celui qui correspond à la fraction $\frac{1}{8}$.

Le résultat 110$^l$—5$^o$, qui provient de la division de 1765 par 16, est celui qui correspond à la fraction $\frac{1}{16}$.

Mais quelque simples que soient les divisions précédentes, on leur en substitue de plus simples encore, toutes les fois que la fraction qui les produit peut diviser exactement une des fractions appartenant à la même accolade.

Ainsi après avoir remarqué que la fraction $\frac{1}{4}$ divise exactement la fraction $\frac{1}{2}$, appartenant à la même accolade, et que $\frac{1}{4}$ est contenu *deux fois* dans $\frac{1}{2}$, il suffit de diviser le résultat 882$^l$—8$^o$, correspondant à $\frac{1}{2}$ par *deux*, pour obtenir le nombre 441$^l$—4$^o$ (*) qui correspond à $\frac{1}{4}$.

Après avoir remarqué que la fraction $\frac{1}{8}$ divise exactement la fraction $\frac{1}{4}$ et que $\frac{1}{8}$ est contenu *deux* fois dans $\frac{1}{4}$, il suffit de diviser le résultat 441$^l$ — 4$^o$ correspondant à $\frac{1}{4}$ par *deux* pour obtenir le nombre 220$^l$ — 10$^o$ (**) qui correspond à $\frac{1}{8}$.

Enfin après avoir remarqué que la fraction $\frac{1}{16}$ divise exactement la fraction $\frac{1}{8}$ et que $\frac{1}{16}$ est contenu *deux* fois dans $\frac{1}{8}$, il suffit de diviser le résultat

---

(*) Pour obtenir 441$^l$ —4$^o$, on prend la moitié de 882$^l$—8$^o$, en cherchant la moitié de 882$^l$, ce qui donne441$^l$, que l'on pose dans la colonne des livres, et en cherchant la moitié de 8$^o$, ce qui donne 4$^o$, que l'on pose dans la colonne des onces.

(**) Pour obtenir 220$^l$— 10$^o$, on prend la moitié de 441$^l$, ce qui donne 220$^l$ (que l'on pose dans la colonne des livres), et un reste égal à une livre; on change ce reste en 16 onces, que l'on ajoute aux 4 onces qui se trouvent dans 441$^l$—4$^o$, on obtient ainsi 20 onces, dont la moitié est de 10 onces, que l'on écrit dans la colonne des onces,

$220^{l}$ —$10^{o}$, correspondant à $\frac{1}{8}$ par *deux* pour obtenir le nombre $110^{l}$ —$5^{o}$, qui correspond à $\frac{1}{16}$.

*En général toutes les fois que, dans une même accolade, une fraction sera divisible par une seconde fraction, il faudra chercher le résultat correspondant à celle-ci, en divisant le résultat qui correspond à la précédente par le nombre qui indique combien de fois cette première fraction contient la seconde.*

---

Le procédé à suivre pour obtenir les résultats correspondant aux fractions de la deuxième accolade est le même que l'on vient d'employer pour les fractions de la première accolade, avec cette seule différence *qu'on prend pour point de départ le dernier résultat obtenu.*

Ainsi, pour trouver le résultat qui correspond à la première fraction $\frac{1}{2}$, appartenant à la deuxième accolade, on prend la moitié du dernier résultat obtenu $110^{l}$ —$5^{o}$, et on trouve $55^{l}$ —$2^{o}$ —$4^{G}$.

On remarque ensuite que la fraction $\frac{1}{4}$ divise exactement la fraction $\frac{1}{2}$, appartenant à la même accolade, et que $\frac{1}{4}$ est contenu *deux* fois dans $\frac{1}{2}$, alors on divise le résultat $55^{l}$ —$2^{o}$ —$4^{G}$ par *deux*, et l'on obtient $27^{l}$ —$9^{o}$ —$2^{G}$, qui correspond à $\frac{1}{4}$.

C'est d'après les mêmes considérations que l'on trouve $13^{l}$ —$12^{o}$ —$5^{G}$ comme résultat correspondant à $\frac{1}{8}$ ; mais, *la fraction $\frac{1}{8}$ étant barrée, on doit barrer pareillement le résultat qui lui correspond, comme ne pouvant faire partie du résultat total que l'on obtient à la fin de l'opération, en additionnant tous les résultats partiels.*

---

Pour obtenir les résultats correspondant aux fractions de la troisième accolade, on part du *dernier résultat obtenu*, et l'on agit comme on vient de le voir pour les fractions de la $2^{me}$. accolade.

*Et en général on obtient le résultat, qui correspond à la première fraction de chaque accolade, en divisant le dernier résultat de l'accolade qui précède immédiatement par le dénominateur de cette première fraction.* Il est bien entendu qu'il ne s'agit pas ici de la *première accolade*.

Cela posé le résultat, appartenant à la fraction $\frac{1}{2}$ de la troisième accolade, sera la moitié de $13^l - 12^0 - 3^G$ ou $6^l - 14^0 - 2^G - 36^8$.

Le résultat qui appartient à la fraction $\frac{1}{6}$ sera le *tiers* de $6^l - 14^0 - 2^G - 36^8$, parce que $\frac{1}{6}$ est le *tiers* de $\frac{1}{2}$; on aura $2^l - 4^0 - 6^G - 12^8$.

On prendra pour $\frac{1}{18}$ le tiers du résultat précédent, parce que la fraction $\frac{1}{18}$ est comprise trois fois et exactement dans $\frac{1}{6}$; on aura $0^l - 12^0 - 2^G - 4^8$.

Enfin pour $\frac{1}{36}$, on aura $0^l - 6^0 - 1^G - 2^8$, qui est la moitié du résultat précédent.

Il ne reste plus qu'à additionner tous les résultats partiels que l'on a obtenus successivement (à l'exception de ceux qui sont barrés), et il vient pour produit cherché $2679252^l - 12^0 - 1^G - 54^8$.

On opère d'une manière absolument semblable dans toute multiplication d'un nombre complexe par un nombre incomplexe.

---

*Nous allons nous occuper de la multiplication de deux nombres complexes.* Nous prendrons pour multiplicande le nombre $9^{lt} - 18^s - 8^d$, et pour multiplicateur $120^l - 12^0 - 6^G - 69^8$; le produit sera de même nature que le multiplicande, c'est-à-dire, qu'il exprimera des *livres, sous et deniers*.

Les explications que nous donnerons sur les détails de l'opération suivante, indiqueront la marche à employer pour tout autre exemple du même genre.

$$94^{tt}\quad 18^{s}\quad 8^{d}$$
$$120^{l}\ \big|\ 12^{o}\quad 6^{g}\quad 69^{s}\ \big|$$

| | tt | s | d | |
|---|---|---|---|---|
| **1re. Partie de l'opération.** | 1880 | | | |
| | 94.. | | | |
| 18 / 20 | 60 | | | |
| | 30 | | | |
| | 12 | | | |
| | 6 | | | |
| 8 / 12 | 3 | | | |
| | 1 | | | |
| **2me. Partie de l'opération.** | 47 | 9 | 4 | |
| 12 / 16 | 23 | 14 | 8 | |
| | 5 | 18 | 8 | |
| 6 / 8 | 2 | 19 | 4 | |
| | 1 | 9 | 8 | |
| | 0 | 14 | 10 | |
| 69 / 72 | 0 | 7 | 5 | |
| | 0 | 3 | 8 | ½ (*) |
| | 0 | 1 | 10 | ¼ |
| | 0 | 1 | 2 | 5/6 (**) |
| | 11468$^{tt}$ | 7$^{s}$ | 2$^{d}$ | $\frac{7}{12}$ |

L'opération présente ici deux parties très-dis—

---

(*) Pour obtenir $o^{tt}$—3$^{ſ}$—8$^{ð}$ $\frac{1}{2}$, on prend la moitié de $o^{tt}$—7$^{ſ}$—5$^{ð}$; on obtient un quotient égal à $o^{tt}$—3$^{ſ}$—8$^{ð}$ et un reste égal à 1: la fraction $\frac{1}{2}$ que l'on écrit pour compléter le quotient, indique la moitié de ce reste.

(**) Pour $\frac{1}{12}$, on prend le tiers de $o^{tt}$—3$^{ſ}$—8$^{ð}$—$\frac{1}{2}$; on obtient un quotient égal à $o^{tt}$—1$^{ſ}$—2$^{ð}$, et un reste égal à $2+\frac{1}{2}$;

tinctes ; c'est pourquoi nous avons isolé 120 [1] ; qui sont les unités principales du multiplicateur des autres unités de ce multiplicateur au moyen d'un trait (l⎯⎯⎯⎯l), dont l'usage, comme l'expérience nous l'a prouvé, est très-propre à rappeler quelles sont les quantités que l'on doit employer dans les deux parties de l'opération.

L'opération ne présente aucune difficulté nouvelle dans sa première partie, dont les calculs ne diffèrent pas de ceux que l'on emploie pour multiplier un nombre complexe par un nombre incomplexe : on opère comme précédemment en usant des quantités situées hors du trait (l⎯⎯⎯⎯l), c'est-à-dire, du multiplicateur $94^{\sharp} - 18^{s} - 8^{d}$ et du multiplicande 120. On obtient ainsi tous les résultats qui sont écrits ci-dessus sous la dénomination de *première partie de l'opération.*

Pour obtenir les résultats appartenant à la seconde partie de l'opération, on fait subir les trois préparations, prescrites antérieurement, aux quantités qui sont situées sous le trait (l⎯⎯⎯⎯l), et on place les fractions qui en résultent au-dessous de celles qui avaient été écrites pour la première partie de l'opération.

Quand tout est disposé comme nous venons de le prescrire, on termine l'opération *en employant encore une suite de divisions très-faciles à exécuter parce que leur quotient est très-petit.*

*Pour obtenir les résultats correspondant aux fractions de la première accolade de la deuxième partie de l'opération, on prend le multiplicande en*

---

on ajoute 2 et $\frac{1}{2}$, comme nous l'avons vu à l'article des *fractions*, on obtient $\frac{5}{2}$ ; et on prend le tiers de $\frac{5}{2}$, en multipliant son dénominateur par 3, il en résulte $\frac{5}{6}$, et $0^{\sharp}-1^{s}-2^{d}-\frac{1}{4}$, pour résultat correspondant à $\frac{1}{13}$, entier *pour point de départ*, et l'on est à même de reconnaître quels sont ces résultats en divisant successivement ce multiplicande $94^{l\!t}-18^{s}-8^{d}$ par le dénominateur de chacune des fractions $\frac{1}{2}, \frac{1}{4}, \frac{4}{16}$ qui appartiennent à la première accolade citée.

Mais toutes les fois qu'une de ces fractions peut diviser exactement une des fractions appartenant à la même accolade, on cherche le résultat qui lui correspond, en divisant le résultat correspondant à la première, par le nombre qui indique combien cette première fraction contient de fois celle dont il s'agit.

*En un mot, on agit avec les fractions qui appartiennent à la deuxième partie de l'opération, comme il a été prescrit d'agir avec celles qui appartiennent à la première partie, à cette seule différence près, que c'est tout le multiplicade $94^{lt}-18^{s}-8^{d}$ qui sert de point de départ pour la seconde partie, tandis que 120 servait de point de départ pour la première.*

D'après les explications qui précèdent, on n'éprouvera pas de difficulté pour obtenir les résultats qui correspondent aux fractions des deuxièmes, et troisièmes accolades remplaçant $\frac{6}{8}$ et $\frac{69}{72}$, ou provenant de $6^{G}$ et de $69^{8}$.

Quand tous les résultats partiels sont obtenus, on les additionne, à l'exception de ceux qui sont barrés, et l'on obtient ainsi le produit total $11468^{lt}-7^{s}-2^{d}-\frac{7}{12}$. Pour additionner les fractions, on a soin de les réduire au même dénominateur ; on trouve que leur somme est égale à $\frac{76}{48}$, ou $1+\frac{7}{12}$ ; alors on écrit $\frac{7}{12}$ au produit, et on ajoute l'unité comme retenue à la colonne des deniers.

Nous avons joint aux considérations que nous venons d'exposer un nouvel exemple, parce qu'il nous procurera l'occasion de faire quelques remarques qu'il est utile de connaître.

$$435^{\#}\ 17^{s}\ 11^{a}\ \tfrac{3}{7}$$

$$445\quad \boxed{15^{0}\ \ 7^{G}\ \ 17^{8}\ \tfrac{5}{6}}$$

|  |  | # | s | a | (fraction) |  | résultat |
|---|---|---|---|---|---|---|---|
|  |  | 2175 |  |  |  |  |  |
|  |  | 1740. |  |  |  |  |  |
|  |  | 1740.. |  |  |  |  |  |
| 17 | 1/2 | 222 | 10 |  |  |  |  |
|  | 1/4 | 111 | 5 |  |  |  |  |
| 20 | 1/20 | 22 | 5 |  |  |  |  |
|  | 1/20 | 22 | 5 |  |  |  |  |
| 11 | 1/2 | 11 | 2 | 6 |  |  |  |
|  | 1/3 | 7 | 8 | 4 |  |  |  |
| 12 | 1/12 | 1 | 17 | 1 |  |  |  |
| 3 | 1/7 | 0 | 5 | 3 | $\tfrac{4}{7}$ | » | 221184 |
|  | 1/7 | 0 | 5 | 3 | $\tfrac{4}{7}$ | » | 221184 |
| 7 | 1/7 | 0 | 5 | 3 | $\tfrac{4}{7}$ | » | 221184 |
| 15 | 1/2 | (*) 217 | 18 | 11 | $\tfrac{10}{14}$ | » | 276480 |
|  | 1/4 | 108 | 19 | 5 | $\tfrac{24}{28}$ | » | 331776 |
| 16 | 1/8 | 54 | 9 | 8 | $\tfrac{52}{56}$ | » | 339424 |
|  | 1/16 | 27 | 4 | 10 | $\tfrac{62}{112}$ | » | 179712 |
| 7 | 1/2 | 13 | 12 | 5 | $\tfrac{52}{224}$ | » | 89856 |
|  | 1/4 | 6 | 16 | 2 | $\tfrac{276}{448}$ | » | 238464 |
| 8 | 1/8 | 3 | 8 | 1 | $\tfrac{276}{896}$ | » | 119232 |
| 17 | 1/6 | 0 | 11 | 4 | $\tfrac{1172}{5376}$ | » | 84384 |
|  | 1/18 | 0 | 3 | 9 | $\tfrac{6548}{16128}$ | » | 157152 |
| 72 | 1/72 | 0 | 0 | 11 | $\tfrac{22676}{64512}$ | » | 136056 |
| 5 | 1/2 | 0 | 0 | 5 | $\tfrac{87188}{129024}$ | » | 261564 |
| 6 | 1/3 | 0 | 0 | 3 | $\tfrac{151700}{193536}$ | » | 303400 |

Accolade de droite : 387072

$$704491^{\#}\ 15^{s}\ 6^{a}\ \tfrac{104576}{387072}\ \text{»}\ 3201052$$

(*) Pour obtenir $217^{\#}$—$18^{s}$—$11^{a}$—$\tfrac{10}{14}$, on prend la moi-

Les détails et les calculs de cette opération font voir que, lorsqu'il entre dans le multiplicande ou dans le multiplicateur *une fraction*, il faut la regarder comme une de celles qui ont été fournies par la préparation que nous avons d'abord prescrite, et la traiter dans la suite des calculs absolument comme on a traité les fractions qui provenaient des nombres complexes. Lorsqu'on aura bien compris ce qui précède, on sera à même de faire les calculs qui appartiennent à l'exemple que nous traitons : ne voulant pas nous jetter dans des détails trop minutieux, nous supposerons que ces calculs de multiplication sont obtenus et nous nous proposerons de faire la somme de tous les produits partiels. Il se présentera d'abord quinze fractions à additionner, ayant la plupart des dénominateurs différens ; cette opération serait très-pénible et rebutante, s'il fallait l'entreprendre par le procédé que nous avons exposé à l'article des *fractions*,

---

tié de $435^{lt}—17^{s}—11^{d}\frac{1}{4}$ ; on obtient un quotient égal à $217^{lt}—18^{s}—11^{d}$ et un reste égal à $1-\frac{1}{3}$ ; on ajoute $1$ et $\frac{3}{7}$, ce qui donne $\frac{10}{7}$ ; on prend la moitié de $\frac{10}{7}$, en *multipliant son dénominateur par 2* ; il en résulte $\frac{10}{14}$ ; on ajoute $\frac{10}{14}$ à $217^{lt}—18^{s}—11^{d}$ pour avoir $217^{lt}—18^{s}—11^{d}—\frac{10}{14}$.

On agit d'une manière tout-à-fait semblable pour avoir les résultats suivans.

Quelques personnes pourraient croire qu'il serait plus simple, pour prendre la moitié de $\frac{10}{7}$, de diviser 10 par 2, (ce qui donnerait $\frac{5}{7}$) que de multiplier 7 par 2 (ce qui donne $\frac{10}{24}$) ; mais elles verront, d'après les calculs qu'il faut faire pour réduire toutes les fractions qui entrent dans cette multiplication au même dénominateur, qu cette prétendue simplification rendrait les calculs de la *réduction au même dénominateur* plus longs, et elles en concluront qu'il est convenable de ne présenter aux élèves que la méthode de *division* que nous avons prescrite (*en multipliant le dénominateur*).

pages 31 et 32; on aurait d'ailleurs pour dénominateur un nombre de plus de 40 chiffres ; en conséquence nous allons donner un procédé général et sûr pour obtenir, le plus promptement qu'il est possible, la somme de ces fractions.

La première chose à faire pour additionner les fractions trouvées ci-dessus, est de trouver le commun dénominateur qu'on leur donnera. A cet effet on se reportera à l'opération, et l'on reconnaîtra *quelles sont les parties du multiplicande et du multiplicateur qui ont donné naissance à des fractions* dans les produits partiels ; on verra qu'elles proviennent de $\frac{3}{7}$, $\frac{15}{16}$, $\frac{7}{8}$, $\frac{17}{72}$ et $\frac{5}{6}$ ; *on multipliera entr'eux les dénominateurs de ces fractions,* comme on le voit ci-dessous :

$$\begin{array}{cccc} 7 & 112 & 896 & 6451\,2 \\ 16 & 8 & 72 & 6 \\ \hline 112 & 896 & 1792 & 387072 \\ & & 6272 & \\ & & \hline & \\ & & 6451\,2 & \end{array}$$

*Et on trouvera un produit* 387072 *, qui sera la quantité qui devra servir de dénominateur commun* aux quinze fractions à additionner ; dans tout autre multiplication, le même procédé, appliqué aux nombres dont se composerait le multiplicande et le multiplicateur, donnerait le dénominateur commun des fractions à ajouter.

Après avoir obtenu 387072 pour dénominateur commun, il ne s'agit plus que de changer chaque fraction en une fraction ayant ce dénominateur commun : nous donnons ici la suite des calculs qu'exigent ces permutations ; ils sont suivis de leur explication :

```
 4 | 387072 | 7                52 | 387072 | 224             6548 | 387072 | 16128
 7 |        | 55296            224 |        | 1728           16128 |        | 24
              4                              52                              6548
           221184                          3456                            26192
 4     221184                             8640                            13096
─── = ────────                          89856                           157152
 7     387072                    52     89856                   6548     157152
                               ──── = ────────               ───── = ────────
10 | 387072 | 14                224     387072                16128     387072
14 |        | 27648
              10              276 | 387072 | 448           22676 | 387072 | 64512
           276480             448 |        | 864           64512 |        | 6
10     276480                               276                            22676
──── = ────────                            5184                           136056
14     387072                              6048                22676     136056
                                           1728              ───── = ────────
24 | 387072 | 28                         238464              64512     387072
28 |        | 13824              276     238464
              24               ──── = ────────            87188 | 387072 | 129024
           55276                 448     387072          129024 |        | 3
           27648                                                        87188
24     331776                 276 | 387072 | 896                       261564
──── = ────────               896 |        | 432            87188     261564
28     387072                               276           ────── = ────────
                                           2592            129024     387072
52 | 387072 | 56                           3024
56 |        | 6912                          864          151700 | 387072 | 193536
              52                276     119232           193536 |        | 2
           13824              ──── = ────────                          151700
           34560                896     387072                         303400
52     359424                                             151700     303400
──── = ────────              1172 | 387072 | 5376        ────── = ────────
56     387072                5376 |        | 72           193536     387072
                                           1172
52 | 387072 | 112                          2344
112 |       | 3456                          8204
              52                          84384
           6912                 1172     84384
          17280               ───── = ────────
52     179712                  5376     387072
──── = ────────
112     387072
```

Chacune des cases que l'on voit d'autre part, contient les calculs relatifs au changement de chaque fraction en une autre de même valeur; mais ayant pour dénominateur le nombre 387072. On parvient à cette réduction au même dénominateur, en divisant pour chaque fraction, le nombre 387072 par le dénominateur de cette fraction, et en multipliant ensuite le quotient obtenu par le numérateur de la même fraction.

Si l'on prend pour exemple $\frac{276}{896}$, la division de 387072 par 896 donne 432 pour quotient; on multiplie ce quotient par le numérateur 276 de la fraction dont il s'agit, et on trouve un produit 119232, pour numérateur de la fraction équivalente à $\frac{276}{896}$ et ayant 387072 pour dénominateur; on voit ainsi que $\frac{276}{896} = \frac{119232}{387072}$.

S'il s'agissait de la fraction $\frac{1172}{5376}$, on diviserait pareillement 387072 par 5376, on obtiendrait un quotient 72, qu'on multiplierait par le numérateur 1172, pour obtenir le numérateur 84384 de la fraction $\frac{84384}{387072}$, qui est égale à $\frac{1172}{5376}$. Cette règle est générale.

Quand toutes les fractions se trouvent ainsi changées en fractions équivalentes, on met tous les numérateurs les uns au-dessus des autres, comme on le voit dans la multiplication ci-dessus; on les additionne; on donne à la somme le dénominateur commun; on trouve ainsi que les quinze fractions proposées sont égales à $\frac{3201052}{387072}$; on cherche les entiers contenus dans ce résultat, on trouve qu'il est égal à 8 entiers plus $\frac{104576}{387072}$; on écrit au résultat $\frac{104576}{387072}$ et on joint les 8 entiers à la colonne des deniers; on continue la somme comme dans le cas ordinaire, on trouve ainsi pour résultat total $194^{ll}07^{ll}$—$15^{s}$—$6^{d}$—$\frac{104576}{387072}$.

Il nous reste à faire observer que, dans la suite des divisions que l'on fait pour changer chaque fraction en une fraction ayant le dénominateur commun, il est facile d'obtenir immédiatement les quotients successifs :

on

marque que c'est toujours le même nombre 387072 qui sert de dividende, et que si les diviseurs deviennent alors 2 fois, 3 fois, 4 fois, etc., plus grands, les quotients doivent devenir 2 fois, 3 fois, 4 fois, etc., plus petits. Il en résulte que, par une simple division du quotient précédent, on trouve le quotient de chaque division; ainsi, pour la fraction $\frac{4}{7}$, on a le diviseur 7, qui donne le quotient 55296; mais, pour la fraction $\frac{10}{14}$, on a le diviseur 14, deux fois plus grand que le diviseur précédent, et on obtient le quotient 27648, en prenant la moitié de 55296 : pour $\frac{24}{28}$, on a le diviseur 28 double de 14, et le quotient 13824 est la moitié de 27648 : pour $\frac{52}{56}$, on a le diviseur 56 deux fois plus grand que 28, et le quotient 6912 est la moitié de 13824 : on continue de la même manière pour obtenir les quotiens suivans.

## Division des nombres complexes.

Pour plus de clarté dans l'exposé que nous allons faire de cette opération, nous commencerons cet article en faisant voir comment on convertit un nombre complexe en unités de sa plus petite espèce, et comment on peut le représenter par une fraction.

Soit à réduire $3^T$—$4^P$—$6^p$—$5^l$, en lignes, on multipliera $3^T$ par 6, et l'on obtiendra le nombre 18, qui indique combien 3 toises valent de pieds; on joindra à 18 les 4 pieds existant dans le nombre $3^T$—$4^P$—$6^p$—$5^l$, et l'on aura 22 pieds. On multipliera 22 par 12 et l'on obtiendra le nombre 264, qui indique combien 22 pieds valent de pouces; on joindra à 264 les 6 pouces existant dans le nombre $3^T$—$4^P$—$6^p$—$5^l$, et l'on aura 270 pouces. On multipliera 270 par 12 et l'on obtiendra le nombre 2840, qui indique combien 270 pouces valent de lignes; on joindra à 2840 les 5 lignes qui existent

4

dans le nombre $3^T$—$4^P$—$6^P$—$5^l$, et l'on aura 2845 lignes, qui représentent ce nombre complexe converti en unités de sa plus petite espèce.

En opérant d'une manière analogue, pour $35^{tt}$—$19^{s}$—$6^{a}$ on aura $719^{s}$—$6,^{a}$ ou $8634^{a}$.

Pour $17^{l}$—$10^{o}$—$6^{G}$—$55^{g}$ on aura $282^{o}$—$6^{G}$—$55^{g}$, $2262^{G}$—$55^{g}$ ou $162929^{g}$.

Pour $27^J$—$5^H$—$6'$—$11''$ on aura $2351171''$.

Si l'on veut réduire $1^T$ en lignes, on multipliera 1 par 6, on aura 6 pieds ; on multipliera 6 par 12 pour avoir des pouces, ce qui donnera 72 pouces ; on multipliera enfin ce nombre 72 par 12, et on verra que 1 toise vaut 864 lignes. On aura pareillement, pour 1 livre-monnaie 240 deniers. Pour une livre-poids, on aura 9216 grains. Pour un jour, on aura 86400 secondes.

Pour changer un nombre complexe en fraction, on réduira *ce nombre complexe* en unités de sa plus petite espèce ; on réduira ensuite *son unité principale* en unités de sa plus petite espèce, et on formera une fraction, qui aura le premier résultat pour numérateur et qui aura le second résultat pour dénominateur : ainsi $3^T$— $4^P$— $6^p$— $5^l$ est représenté par $\frac{2845}{864}^T$, ainsi $35^{tt}$—$19^{s}$—$6^{a}$ est remplacé par $\frac{8634}{240}^{tt}$, $17^l$—$10^o$—$6^G$—$55^g$ par $\frac{162929}{9216}^l$, et $27^J$—$5^H$—$6'$—$11''$ par $\frac{2351171}{86400}^J$.

### *Division d'un nombre complexe par un nombre incomplexe.*

Quelle que soit la division qu'on se propose, la nature du dividende et du diviseur est donnée et celle du quotient est déterminée par l'état de la question.

Toutes les fois que le quotient doit être de même nature que le dividende, on regarde le diviseur comme un nombre *abstrait*, (*) et il n'existe qu'une seule manière d'opérer que nous allons faire connaître par l'explication d'un exemple.

Soit à diviser $445^T - 2^P - 2^P - 6^l$ par $15^{\#}$ ; le quotient devra représenter des toises, et l'opération s'exécutera comme on le voit ici :

$$445^T - 2^P - 2^P - 6^l \mid 15^{\#}$$
$$30$$
$$\overline{29^T - 4^P - 1^P - 9^l + \tfrac{3}{15} (\text{de ligne})}$$

1re. Division
145
135

1re. Mult.on
10
6
60

2me. Division
2
62  Pieds.
60

2me. Mult.on
2
12
24

3me. Division
2
26  pouces.
15

3me. Mult.on
11
12
22
11
6

4me. Division
138  lignes.
135
3

Pour effectuer cette division, il faut d'abord

_______________________________________

(*) On dit qu'un nombre est *abstrait* quand on ne désigne

4 *

diviser 445$^T$ par le diviseur 15, d'après le procédé ordinaire : ou trouve ainsi la première partie du quotient, qui représente des toises, et qui est égale à 29$^T$; on obtient un reste égal à 10. Cette partie de l'opération correspond ci-dessus à la première accolade.

On multiplie ensuite le reste 10 par le nombre qui indique combien il faut de pieds pour former une toise, on obtient un produit 60, auquel on joint les 2 pieds qui se trouvent dans le dividende. Cette opération donne une somme égale à 62 pieds. Cette partie de la division correspond ci-dessus à la deuxième accolade.

On obtient la seconde partie du quotient, laquelle représente des pieds, en divisant le nombre 62$^P$ par 15; on obtient 4 pieds pour le quotient et un reste égal à 2. La troisième accolade correspond à cette division.

On change le reste de la division précédente en pouces, en le multipliant par 12; on obtient un produit 24, auquel on ajoute les 2$^P$ qui se trouvent dans le dividende et il en résulte une somme égale à 26 pouces. Cette partie de l'opération correspond à la quatrième accolade.

Les autres parties du quotient s'obtiennent absolument de la même manière que la précédente. Ainsi on divise 26 pouces par le diviseur, on obtient 1 pouce au quotient et un reste égal à 11.

On multiplie le reste 11 par 12, et on joint au résultat les 6 lignes qui se trouvent dans le dividende, il en résulte une somme égale à 138 lignes.

Enfin on divise 138 lignes par le diviseur 15,

---

pas la nature des unités qu'il représente, comme lorsqu'on dit *trois*, *sept*, *vingt*, sans désigner si ces nombres représentent des *toises*, des *jours*, des *livres*, etc, on obtient 9 lignes au quotient et un dernier reste égal à 3 ; on fait disparaître ce dernier reste en ajoutant la fraction $\frac{3}{15}$ de ligne au quotient. Ces trois dernières opérations correspondent ci-dessus aux cinquième, sixième et septième accolades.

Pour tout autre exemple, dans lequel le quotient devra être de même nature que le dividende, on opérera, en suivant une marche analogue à celle que nous venons de prendre.

Toutes les fois que le dividende et le quotient doivent être de nature différente, *on réduit le dividende et le diviseur en unités de leur plus petite espèce*

Cela posé, *si le quotient doit être abstrait,* on opère sur le dividende et sur le diviseur, réduits en unités de leur plus petite espèce, d'après le *procédé ordinaire.*

Soit proposé pour exemple de reconnaître combien de fois $6^{tt}-4^s-6^d$ contiennent $3^{tt}$ ; le quotient sera un nombre *abstrait :* ainsi après avoir reconnu que $6^{tt}-4^s$ $6^d$ équivalent à 1494 deniers, que $3^{tt}$ valent 720 deniers, on opérera sur les nombres 1494 et 720, comme on le voit ci-dessous, et l'on obtiendra pour quotient le nombre $2+\frac{54}{720}$, qui indique que $6^{tt}-4^s-6^d$ sont composés de $3^{tt}$ répétés 3 fois plus des $\frac{54}{720}$ de $3^{tt}$.

*Opération :*

$$
\begin{array}{r|l}
1494 & 720 \\
1440 & 2+\frac{54}{720} \\
\hline
54 &
\end{array}
$$

Maintenant *si*, le dividende et le quotient étant de nature différente, *le quotient ne doit pas être abstrait,* on opérera sur les diviseurs réduits en unités de leur plus petite espèce, d'après la méthode prescrite dans le paragraphe précédent, mais en regardant alors le *dividende réduit* comme représentant des unités de même nature que celles du quotient.

Soit proposé pour exemple de reconnaître combien coûteront $541^l$—$4^o$—$5^G$—$10^g$ de marchandises, en supposant que $5^l$ de marchandises coûtent $1^{\#}$. Le quotient doit exprimer des livres (monnaie).

Pour parvenir au résultat, on réduit $541^l$—$4^o$—$5^G$—$10^g$ en grains, on trouve que ce nombre équivaut à $4988530$ grains ; on réduit pareillement $5^l$ en grains, on trouve que ce nombre équivaut à $46080$ grains ; on opère alors la division sur les nombres $4988530$ et $46080$, comme on le voit ci-dessous ; mais on a soin de regarder, dans cette opération, $4988530$ comme représentant des livres (monnaie), c'est pourquoi on change les restes successifs en sous et deniers.

| Indication des parties de l'op.^on | Opération : |
|---|---|
| | $4988530^{\#}$ \| $46080$ |
| | $46080$ \| $108^{\#}-5^s-1^{\partial}+\frac{42720}{46080}$ |
| Division | $380530$ |
| | $368640$ |
| | $11890$ |
| Multiplic.^on | $20$ |
| Division | $237800$ |
| | $230400$ |
| | $7400$ |
| Multiplic.^on | $12$ |
| | $148..$ |
| | $74$ |
| Division | $88800$ |
| | $46080$ |
| | $42720$ |

## Division d'un nombre incomplexe ou complexe, par un nombre complexe.

Lorsque le diviseur est complexe, il faut le changer en fraction et opérer alors comme si l'on avait à diviser un nombre entier par une fraction, ce qui revient à multiplier le dividende par le diviseur fractionnaire renversé, c'est-à-dire, à multiplier le dividende par le dénominateur de la fraction diviseur; et à diviser le produit obtenu par le numérateur de la même fraction diviseur.

Si l'on avait $32505^{T}$—$4^{P}$—$6^{P}$—$11^{l}$ à diviser par $1546^{l}$—$15^{o}$—$6^{G}$—$7^{g}$, on changerait ce diviseur en la fraction $\frac{14257015}{9216}$, on multiplierait ensuite le dividende par 9216; on obtiendrait pour produit $299569600^{T}$—$2^{P}$—$7^{P}$; et l'on diviserait ce produit par le numérateur 14257015 de la fraction diviseur, pour obtenir le quotient cherché.

On voit que, d'après la méthode que nous venons de prescrire, on ramène la division, lorsque le diviseur est complexe, à une division dont le diviseur est incomplexe; ce qui fournit le moyen de trouver le quotient d'après les procédés prescrits antérieurement.

Toutes les fois que le dividende et le diviseur sont de même nature, comme dans la division de $5556^{\#}$—$15^{r}$—$6^{à}$ par $112^{\#}$—$4^{r}$—$6^{à}$, on peut les réduire en unités de leur plus petite espèce, et opérer sur les nombres qui résultent de cette préparation : les calculs deviennent alors moins longs.

## Preuves des quatre opérations sur les nombres complexes.

Les mêmes principes, d'après lesquels on fait les preuves des quatre opérations pour les nombres entiers, donnent les preuves des opérations sur les nombres complexes.

Pour la preuve de l'addition, on sépare les nombres à ajouter en deux parties, que l'on additionne séparément ; on fait la somme de ces deux résultats et l'on obtient, si l'opération a été bien faite, le premier résultat trouvé.

Pour opérer la preuve de la soustraction, on ajoute le plus petit nombre et le reste ; et leur somme, si l'opération est exacte, doit être égale au plus grand nombre.

S'il s'agit de reconnaître l'exactitude d'une multiplication, on divisera le produit, par le multiplicande ; si l'opération est exacte, on obtiendra le multiplicateur pour quotient. On peut aussi diviser le produit par le multiplicateur, alors on devra trouver pour quotient le multiplicande.

La preuve de la division se fait au moyen de la multiplication : on multiplie le diviseur et le quotient entr'eux, et on obtient un produit, lequel augmenté du reste, s'il en existe un dans l'opération, donne un résultat, qui, lorsque l'opération a été bien faite, doit être égal au dividende.

Avant de terminer, nous ferons observer que les preuves des opérations ne sont guères en usage ; on se contente généralement de répéter l'opération de la justesse de laquelle on veut s'assurer : néanmoins nous engageons les élèves à joindre, comme exercice, aux opérations qu'ils feront les preuves de ces mêmes opérations.

# PROBLÈMES.

Après avoir fait connaître les opérations de l'arithmétique, il convient d'en faire quelques applications; comme le nombre de celles-ci est infini, nous ne pouvons donner que des lois générales, d'après lesquelles on sera en état de résoudre les principaux problèmes qui se présenteront. Nous ne pourrons entrer dans une foule de détails, qui détourneraient l'attention du but que nous nous proposons dans cet article, celui de présenter des *méthodes*; c'est pourquoi nous exigeons que l'élève soit parfaitement familiarisé avec tout ce qui précède, avant qu'il ne passe à la résolution des questions. Enfin comme nous devons supposer un certain dégré d'intelligence dans les personnes qui font des applications de l'arithmétique, nous ne parlerons pas de beaucoup de questions que l'on résoud très-simplement.

*Sur la division des nombres complexes.*

Lorsque nous avons parlé de cette règle, nous avons dit que la nature du dividende et du diviseur étant donnée, celle du quotient résultait de l'état de la question; il peut être avantageux d'avoir une suite de problèmes qui ayent rapport aux différens cas qui se présentent; c'est pourquoi nous offrons les questions suivantes:

1. Combien rapporteront $5456^{tt} — 15^{s} — 6^{\text{d}}$, si $102^{tt} — 4^{s} — 6^{\text{d}}$ ont rapporté $1^{tt}$?

2. On a $4^{l} — 5^{o} — 6^{G} — 25^{g}$ de marchandises pour $400^{tt}$, combien coûtera $1^{l}$ de marchandises?

3. On a fait construire $300^{T} — 5^{P} — 6^{P} — 7^{l}$ de maçonnerie pour $5000^{tt} — 7^{s}$, on demande combien coûtera la toise d'ouvrage?

4. On a dépensé $3000^{tt}$ en $315^{J} — 12^{H}$, on demande à combien revient la dépense par jour?

*

5. $500^l$ de marchandises ont coûté $328^{tt}$-$6^{s}$-$7^{d}$, on demande combien on aura de marchandises pour $1^{tt}$ ?

6. S'il faut $400^l$ de salpêtre pour faire $533^l$-$5^o$-$2^G$-$48^g$ de poudre, combien entrera-t-il de salpêtre dans une livre de poudre ?

7. Si $40^T$—$3^P$—$6^p$—$7^l$ de pierres pèsent $1656410^l$, quel sera le poids de la toise de pierre ?

8. Si on a consommé $75000^l$ de bled en $36^J$-$12^H$, pour un établissement public, de combien de livres a été la consommation par jour ?

9. Si $40^T$-$3^P$-$6^p$ de maçonnerie coûtent $600^{tt}$-$4^s$-$6^d$, quelle est la partie de toise qu'on aura pour $1^{tt}$ ?

10. Un bloc de marbre de $1^T$—$2^P$—$4^p$—$6^l$ pèse $80000^l$, et on demande quelle est la partie de la toise qui pèse $1^l$ ?

11. S'il a fallu $35^T$—$3^P$—$4^P$ de pierres pour faire $90^T$—$5^P$ de maçonnerie, combien la toise de pierre a-t-elle fourni de toises de maçonnerie ?

12. Si on a creusé un fossé de $1500^T$ en $36^J$-$12^H$, d'un travail non interrompu, combien a-t-on creusé de toises en un jour ?

13. Un individu peut dépenser $600^{tt}$—$5^s$—$6^d$ en $365^J$ et $6^H$, on demande combien de tems doit lui durer $1^{tt}$ ?

14. Un **chasseur** veut consommer $17^l$—$4^o$—$6^G$ de poudre en $90^J$, on demande combien de tems lui durera $1^l$ de poudre ?

15. Un atelier de mineurs ayant mis $36^J$-$6^H$-$15'$ pour creuser dans le roc $4^T$-$5^P$-$6^p$ de galerie, on demande combien il a mis de jours pour creuser une toise ?

16. Sachant que sur $365^J$ on a $180^J$ et $6^H$ de congés ou vacances, on demande combien il y a de jours de travail pour un jour de congé ?

17. Combien en $685^{tt}$—$14^s$—$6^d$ se trouve-t-il de fois $25^{tt}$—$4^s$—$5^d$ ?

18. On a acheté pour $425^{\sharp}$—$6^{\sigma}$—$11^{a}$ de marchandises, à $15^{\sharp}$—$4^{a}$—$7^{a}$ la livre-poids, on demande le poids de la marchandise achetée ?

19. Un mur a coûté $1545^{\sharp}$—$6^{\sigma}$—$11^{a}$, à raison de $17^{\sharp}$—$4^{\sigma}$—$6^{a}$ la toise, on demande combien on a fait bâtir de toises de maçonnerie ?

20. On a touché $55^{\sharp}$—$4^{\sigma}$—$5^{a}$, à raison de $2^{\sharp}$-$4^{\sigma}$ par jour, on demande combien il a été payé de jours ?

21. Combien en $527^{l}$—$8^{O}$—$7^{G}$—$55^{g}$ trouve-t-on de fois $4^{l}$—$15^{O}$—$6^{G}$—$7^{g}$ ?

22. On a eu $3^{l}$—$2^{O}$—$6^{G}$ de fer pour $1,^{\sharp}$ on demande combien coûteront $1500^{l}$—$8^{O}$ de ce métal ?

23. Une toise de pierre pèse $30960^{l}$—$8^{O}$, combien y aura-t-il de toises de pierres dans un poids de $5452625^{l}$ ?

24. Un équipage a consommé $302^{l}$—$8^{O}$ de biscuit dans un jour, on demande combien lui dureront $650000^{l}$ de biscuit ?

25. Un atelier de maçons fait $220^{T}$—$3^{P}$—$6^{p}$ d'ouvrage en un mois ; il y a $2500^{T}$ de maçonnerie à confectionner, on demande combien il faudrait d'ateliers pour terminer ces $2500^{T}$, en un mois ?

26. On donne à un ouvrier $1^{\sharp}$ pour creuser $2^{T}$—$4^{P}$—$6^{p}$ de fossés, on demande combien il lui revient pour $500^{T}$—$5^{P}$ d'ouvrage ?

27. On consomme $1^{\sharp}$ de fer pour obtenir $15^{T}$—$6^{P}$—$3^{p}$—$7^{l}$ de fil de fer, on demande combien il faudra de livres de fer pour faire $1700^{T}$ de fil ?

28. Dans un jour, on a fait $15^{T}$—$6^{P}$—$3^{p}$—$6^{l}$ d'ouvrage, combien mettra-t-on de jours pour faire $1700^{T}$ ?

29. La semaine est de 7 jours ; il y a $365^{J}$ et $6^{H}$ dans l'année, on demande combien il s'y trouve de semaines ?

30. Un ouvrier a économisé $1^{\sharp}$ en $5^{J}$—$6^{H}$, on de-

mande combien il économisera , d'après la même base en $365^J$ t $6^H$ ?

31. Une livre de coton a été filée en $2^J$—$3^H$—$6^l$ d'un travail continuel, on demande combien on en filera en $52^J$—$12^H$ ?

32. On a employé $3^J$—$4^H$—$5^l$ pour polir avec une machine $1^T$ de marbre, on demande combien en $100^J$ ou polira de toises de marbre avec la même machine.

Tous les problèmes précédens se résolvent au moyen de la division; c'est ce dont on pourra s'assurer par l'inspection des remarques suivantes, qui sont classées suivant des numéros correspondant à ceux des questions.

$1^{re}$. *Question.* On remarque que la division est une opération qui a pour but de retrancher une quantité nommée *diviseur*, d'une quantité nommée *dividende* autant de fois que la chose est possible: le quotient indique combien de fois le dividende contient le diviseur. Dans le premier exemple, si $102^{tt}$—$4^s$—$6^a$ ont rapporté $1^{tt}$, il est visible qu'autant de fois $5456^{tt}$—$15^s$—$6^a$ contiennent $102^{tt}$—$4^s$—$6^a$ autant de fois le rapport d'une livre existera : le quotient exprimé en livres sera donc ce rapport.

$2^{me}$. *Question* Ici on change $4^1$—$5^0$—$6^G$—$258$ en la fraction $\frac{39201}{9216}$ $^1$ ; on multiplie ensuite le dividende et le diviseur par $9216$; de sorte que la question est ramenée à celle-ci $39201^t$ de marchandises ont coûté $400^{tt} \times 9216$ ou $1,886,400^{tt}$ combien coûtera $1^1$ de marchandises? Il est maintenant visible que si une livre-poids de marchandises coûtait une livre-monnaie, $39201^{tt}$ coûteraient $39201^{tt}$, et qu'autant de fois $39201$ livres-monnaie, sont comprises dans $1,886,400^{tt}$, autant chaque livre de marchandises coûte.

$3^{me}$. *Question* La troisième question se ramène,

comme il est arrivé dans la précédente, à celle-ci :
432302$^{tt}$-8$^{s}$, sont le prix de 259999$^{T}$ d'ouvrage ,
quel est le prix de la toise ? Il est visible que
la toise coûtera autant de fois 1$^{tt}$ que 259999$^{tt}$ sont
comprises de fois dans 432302$^{tt}$-8$^{s}$.

4$^{me}$. *Question.* La quatrième question est ramenée à celle-ci : on a dépensé 72000$^{tt}$ en 7572$^{J}$, à
combien revient la dépense par jour ? On cherche
combien 72000$^{tt}$ contiennent de fois 7572 livres ; et il
est visible que ce quotient indique combien on a
dépensé de livres, en un jour.

5$^{me}$. *Question.* Cette question est ramenée par
les opérations prescrites pour la division des nombres complexes à celle-ci : 120,000$^{l}$ de marchandises ont coûté 54079 livres-monnaie, combien aura-
t-on de marchandises pour 1$^{tt}$. On cherchera combien
de fois 120000 livres-poids contiennent 54079$^{l}$ ; le
quotient indiquera en livres-poids la 54079.$^{e}$ partie
du poids total, qui correspond à 1$^{tt}$, ou à la 54079.$^{e}$
partie du prix total.

6$^{me}$. *Question.* Ce problème se change en celui-ci:
il faut 3686400$^{l}$ de salpêtre pour faire 4915200$^{l}$
de poudre, combien entre-t-il de salpêtre dans une
livre de poudre ? S'il fallait une livre de salpêtre
pour faire 4915200$^{l}$ de poudre , il entrerait dans
chaque livre de poudre $\frac{1}{4915200}$ de livre de salpêtre ;
mais comme il faut 3686400 fois plus de salpêtre pour
faire cette quantité de poudre ; il entrera 3686400 fois
plus de salpêtre par livre de poudre, ou $\frac{1}{4915200}$ de livre
de salpêtre répété 3686400 fois, ou $\frac{1}{4915200} \times 3686400$, qui
est égal à la fraction $\frac{3686400}{4915200}$, qu'on réduit en nombres
complexes , en divisant le numérateur par le dé-
nominateur.

7$^{e}$. *Question.* La septième question revient à celle-ci :
si 25071$^{T}$ de pierres pèsent 1531138240$^{l}$, combien pèsera
chaque toise ? Il est visible que chaque toise pèsera
autant de fois 1 livre que 1531138 240$^{l}$ contiennent
25071$^{l}$. Les exemples sur lesquels nous venons de
faire quelques observations, indiquent déjà que pour

bien saisir une question, lorsqu'on prévoit qu'elle doit se résoudre par une division, il faut la changer en une autre de même nature, dans laquelle le nombre, que l'on suppose devoir être le diviseur, devienne incomplexe ; lorsque la question est ramenée à cet état, on la ramène à la division de deux quantités de même nature.

$8^{me}$. *Question.* Nous changeons cette question en la suivante ; si on a consommé $1,800,000^{l}$ de bled en $876^{J}$, combien consommera-t-on par jour ? Autant de fois 876 livres sont comprises dans $1,800,000^{J}$, autant de fois on aura une livre de bled à consommer par jour. Le quotient sera exprimé en livres.

$9^{me}$. *Question.* Après avoir fait les calculs prescrits dans la division des nombres complexes, cette question revient à demander quelle est la partie de toise qu'on aura pour une livre, si on a $9740^{T}$ pour $144054^{tt}$. Si une toise coûtait $144054^{tt}$, on aurait pour une livre la $144054^{me}$. partie d'une toise, ou $\frac{1}{144054}^{T}$ ; mais on a 9740 fois plus de toises pour $144054^{tt}$, donc pour $9740^{tt}$ on aura 9740 fois $\frac{1}{144054}$, ou $\frac{9740}{144054}^{T}$, qu'on réduit en nombres complexes en opérant la division.

$10^{me}$. *Question.* Un bloc de marbre de $1^{T}-2^{P}-4^{P}-6^{l}$ pèse $80000^{l}$ : cela revient à dire que $1206^{T}$ de marbre pèsent $691,200,000$ l, et à demander le poids d'une toise de marbre. On cherchera combien $1206^{l}$ sont comprises de fois dans $691,200,000^{l}$, et le nombre qu'on trouvera au quotient, indiquera combien une toise pèse de livres.

Après avoir fait connaître les considérations qui conduisent à résoudre certaines questions par la division, nous inviterons les élèves à s'exercer à rédiger les remarques qui engagent à résoudre les vingt-deux dernières questions au moyen de *divisions*.

## Règles de trois.

On désigne sous ce nom certains problèmes dans lesquels on cherche le résultat, en employant trois quantités connues qui sont données dans l'énoncé de la question. On a long-tems prescrit de résoudre les règles de trois au moyen des *proportions*; mais nous ne ferons pas connaître ce procédé, parce qu'on peut parvenir à la solution de ces problèmes, par une voie beaucoup plus courte, et qui a d'ailleurs l'avantage d'être celle que le simple bon sens indique aux personnes qui n'ont pas appris à calculer.

1. Supposons qu'on ait employé 100 journées de travail pour faire 20 mètres d'ouvrage, et qu'on demande combien il faudrait en employer pour faire 150 mètres du même ouvrage. On dira : s'il faut 100 jours pour faire 20 mètres, il faudra la vingtième partie de 100 jours pour faire un mètre, ou 5 jours : s'il faut 5 jours pour faire un mètre d'ouvrage, il faudra 5 jours répétés 150 fois pour faire 150 mètres, ou 750 jours ; ce nombre résoudra la question.

2. On propose ce problème : il a fallu quinze litres de grains pour ensemencer un sillon de 90 mètres, combien ensemencera-t-on de mètres du même sillon avec 45 litres ? On cherchera combien on ensemence de mètres avec un litre de grains. S'il faut 15 litres pour ensemencer 90 mètres, il faudra 1 litre pour 6 mètres. On a 45 litres, chacun ensemence une longueur de 6$^m$, donc il ensemencent ensemble 6 mètres répétés 45 fois, ou 270 mètres.

3. On voit déjà que, dans les questions de ce genre, on simplifie la solution du problème en le ramenant d'abord à une autre question moins compliquée, que l'on résoud par une division.

Soit proposé ce problème : deux marchands ont fait un échange ; l'un d'eux a donné 50 mètres de drap à l'autre pour 300 mètres de toile, on demande combien recevra le premier pour 150 mètres de drap ? On voit que 50 mètres de drap correspondent dans l'échange à 300 mètres de toile; on cher-chera d'après cette donnée, combien on recevrait de mètres de toile pour un mètre de drap, et la question sera ramenée à celle-ci qui est plus simple et qu'on peut résoudre au moyen d'une division : deux marchands ont fait un échange, l'un d'eux a donné 50 mètres de drap à l'autre pour 300 mètres de toile, on demande combien recevra le premier pour un mètre de drap ? Pour un mètre il recevra évidemment 50 fois moins que pour 50 mètres, c'est à-dire la cinquantième partie de 300 mètres de toile, que nous désignons ainsi : $\frac{300}{50}$ de mètre, quantité égale à 6 mètres.

La solution de la question est très-simple maintenant; en effet, nous savons que, pour un mètre de drap, on donne 6 mètres de toile, nous en conclurons que, pour 150 mètres de drap, on donnera 6 mètres de toile répétés 150 fois, ou 900 mètres de toile.

4. Nous allons continuer à résoudre des questions ayant rapport à la règle de trois, afin de familiariser par degrés avec la loi générale, qui sert à obtenir la solution de ces questions.

On suppose qu'on ait employé 500 mètres de terrain pour disposer 2000 stères de bois, on demande combien on disposerait de stères d'une manière semblable sur 200 mètres de terrain ?

Il faudra ramener la question précédente à être plus simple, en lui substituant l'énoncé suivant : on a employé 500 mètres de terrain pour disposer 2000 stères de bois, combien disposera-t-on de stères sur 1 mètre ? Sur un mètre de terrain on disposera 500 fois moins de bois que sur 500 mètres ; sur un mètre de terrain, on disposera 2000 stères divisés par 500 : on indique cette quantité par $\frac{2000}{500}$ de stère, elle est égale à 4 stères.

Si l'on dispose $\frac{2000}{500}$ de stère, ou 4 stères, sur un mètre de terrain, on disposera sur 200 mètres $\frac{2000}{500} \times 200$ stères $= \frac{2000 \times 200}{500}$ stères $= \frac{400000}{500}$ stères; quantité qui est égale à 800 stères, et qui forme la solution du problème proposé.

On aura soin de remarquer que $\frac{2000}{500} \times 200$, indique. une fraction multipliée par un nombre entier; on se rappellera que pour multiplier une fraction par un nombre entier, on multiplie le numérateur par ce nombre, en donnant au produit le dénominateur de la fraction : ainsi $\frac{2000}{500} \times 200$ est égal à $\frac{2000 \times 200}{500}$; c'est sous cette dernière forme que se mettent toujours les résultats des règles de trois.

Pour obtenir la valeur de $\frac{2000 \times 200}{500}$, on multiplie 2000 par 200, ce qui donne 400000, on divise ce produit par 500, et on obtient 800; par cette valeur de sorte que $\frac{2000 \times 200}{500} = \frac{400000}{500} = 800$. Le résultat de toute règle de trois s'obtiendra toujours, comme dans les exemples précédents, au moyen d'une multiplication et d'une division.

5. Soit maintenant proposé le problème suivant :

On sait que 1515 mètres de bois d'une certaine dimension ont été produits par 15 ares de forêts, on demande combien il faudrait exploiter d'ares, de même produit, pour obtenir 7575 mètres de bois, de la même dimension ? On cherchera quelle partie il faut exploiter pour obtenir un mètre de bois. Si 15 ares produisent 1515 mètres de bois, un mètre est produit par la 1515.$^{me}$ partie de 15 ares, ou par $\frac{15}{1515}$ d'are : il faudra 7575 fois plus de ces portions d'ares pour produire 7575 mètres de bois, ou $\frac{15}{1515}$ d'are répétés 7575 fois, $\frac{15}{1515} \times 7575$, $\frac{15 \times 7575}{1515}$, ou $\frac{113625}{1515}$ quantité égale à 75 ares : ainsi 75 ares produiront 7575 mètres de bois.

6. On a employé dans une poudrerie 35 mètres de planches, d'une certaine largeur, pour faire sécher 3535 kilogrammes de poudre, on demande combien on pourrait en faire sécher sur 215 mètres de planches disposées de la même manière ? Sur un mètre de planches on séchera 35 fois moins que sur 35 mètres, ou $\frac{3535}{35}$ de kilogramme; sur 215 mètres de planches, on séchera 215 fois plus de poudre que sur un

mètre; on séchera $\frac{3535}{35} \times 215$ ou $\frac{3535 \times 215}{35} = \frac{760025}{35}$

$= 21715$ kilog.

7. Pour mettre en couleur 215 mètres de murs, on a employé 55 litres de peinture, on demande combien on employera de litres, pour peindre 1556 mètres de murs de même hauteur.

Pour peindre un mètre de murs, on employera $\frac{55}{215}$ de litres. Pour peindre 1556$^m$, on employera 1556 fois plus de couleur que pour un mètre, ou $\frac{55}{215} \times 1556 = \frac{55 \times 1556}{215} = \frac{85580}{215} = 398$ litres plus $\frac{10}{215}$ de litre.

8. Un voyageur a dépensé 117 francs pour parcourir 350 kilom., on demande combien il dépensera pour faire de la même manière un chemin de 722 kilomètres. Si l'on savait combien on dépense par kilomètre de chemin, en répétant cette dépense 722 fois, on aurait la dépense cherchée. Une division donne la dépense pour un kilomètre. On dépense 117 francs pour 350 kilomètres, on aura pour un kilomètre $\frac{350}{117}$; on répétera cette quantité 722 fois, on aura $\frac{350}{117} \times 722$, ou $\frac{350 \times 722}{117}$.

On observera que dans l'ordre des raisonnemens, il faut d'abord faire une division et ensuite une multiplication; mais on voit que la division indiquée sous la forme $\frac{350}{117}$, dont le quotient est multiplié par 722, revient au produit de 350 multiplié par 722 divisé par 117, ou bien à $\frac{350 \times 722}{117}$. C'est sous cette dernièreforme qu'il faut toujours chercher les résultats des règles de trois.

9. Le même voyageur a parcouru les 350 kilomètres en 69 heures, on demande combien il mettra d'heures pour faire 722 kilomètres ? On cherchera combien il met d'heures pour faire un kilom., on trouvera $\frac{69}{350}$ d'heure; on n'effectuera pas la division; on répétera le quotient indiqué 722 fois, on aura $\frac{69}{350} \times 722 = \frac{69 \times 722}{350} = \frac{49818}{350}$ qui est égal à 241 heures plus $\frac{118}{350}$ d'heure.

10. Pour 5435 fr. on a fait construire 275 mètres de maçonnerie, on demande combien on aura de mètres de la même maçonnerie pour 17549 fr.? On cherchera ce que l'on a de mètres ou parties de mètres de maçonnerie pour 1 franc. Pour 1 franc on a $\frac{275}{5435}$m, et pour 17549 fr. on aura $\frac{275}{5435} \times 17549$ mètres, ou $\frac{275 \times 17549}{5435}$ : on résoud la question par une multiplication, suivie d'une division. Si la division ne se fait pas exactement, on peut obtenir le quotient, soit en y ajoutant une fraction, soit en y ajoutant un nombre décimal.

11. On a fixé qu'on payerait 1 fr.,95c. de droit d'entrée pour 7 stères de bois, on demande combien il faut qu'il entre de stères, pour que l'octroi perçoive 2400 fr. ? Pour que l'octroi perçoive 1 fr., il faut qu'il entre $\frac{7}{195}$ stères de bois, ou $\frac{700}{195}$ stères, car 700 stères payent 195 fr. d'entrée. Pour fournir 2400 f., il entrera $\frac{7}{195} \times 2400$, ou $\frac{7 \times 2400}{195}$ stères.

12. On a payé à un cultivateur 175 fr. pour labourer et ensemencer 635 ares de terre, on demande combien on pourra faire cultiver de terrain pour 300 fr. ? Pour un franc on fera cultiver $\frac{635}{175}$ d'ares; pour 300 fr. on aura $\frac{635}{175} \times 300$, ou $\frac{635 \times 300}{175}$ : on opère d'abord la multiplication, ensuite la division.

13. On a retiré pour 200 fr. d'or de 19 kilog., 537 de cendres d'orfèvre, on demande combien il faudrait de kilogrammes de cendres de même qualité, pour produire pour 500 fr. d'or ? Pour obtenir 1 fr. d'or il faut $\frac{19,537}{200}$ kilog. de cendres; pour obtenir 500 fr. d'or, il faudra $\frac{19,537}{200}$ kilog. $\times 500$, ou $\frac{19,537 \times 500}{200}$ kilog. de cendres; on multipliera, on divisera ensuite.

14. On a acheté pour 1200 fr. une fontaine susceptible de donner 7 litres d'eau par minute, on demande combien on aurait d'eau pour 2325 fr. ? Pour 1 fr. on a $\frac{7}{1200}$ de litre d'eau; pour 2325 francs,

on aura $\frac{7 \times 2325}{1200}$ litres d'eau : pour obtenir le résultat, on multipliera, puis on divisera.

15. 5437 fr. ont rapporté un bénéfice de 519 fr., on demande combien rapporteront 10000 fr. placés de la même manière ? 1 fr. a rapporté $\frac{519}{5437}$ et 10000 fr. rapporteront $\frac{519 \times 10000}{5437}$.

16. On a reçu un salaire de 59 fr. pour 5 jours, on demande combien on recevrait, pour 365 jours, en gagnant de la même manière. Pour 1 jour on reçoit $\frac{59}{5}$ de fr. ; pour 365 jours on aura $\frac{59 \times 365}{5}$ fr.

17. On a fait en 10 jours 545 mètres de palissades ; combien ferait-on de mètres de la même palissade en 33 jours? Reponse $\frac{545}{19}$ de mètre $\times 33$, ou $\frac{545 \times 33}{19}$ de mètre ou 16 mètres, 35.

18. Des bûcherons ont employé 39 jours pour abattre et mettre en cordes 2349 stères de bois; on demande combien ils auront de stères après 57 jours de travail ? Reponse, pour un jour on a $\frac{2349}{39}$ de stère, pour 57 jours $\frac{2349 \times 57}{39}$ stères

Lorsque les élèves auront suivi attentivement la marche indiquée pour résoudre ces dix-huit problèmes, ils feront bien de les recommencer sans se servir de nos explications ; ils pourront ensuite s'occuper des questions suivantes :

19, La fortune d'un homme s'est accrue, en 7 ans et 215 jours, de 37 ares de terre ; on demande combien il possédera dans 50 ans, si sa fortune s'accroît toujours pareillement ?

20. Un moulin a rendu en 3 jours 6500 kilogrammes de farine, on demande combien il produira en 27 jours ?

21°. Un alambic a donné en 8 jours 749 litres d'eau-de-vie ; on demande combien il produirait en 96 jours d'un travail soutenu ?

22°. Dans l'espace de 69 jours on a économisé

146 fr,15, on demande de combien sera l'économie dans une année ?

23. Sur 23 jours, une garnison a 17 jours de service; on demande combien elle aura de jours de service dans 122 jours ?

24. On a employé 17 stères de bois pour faire 1115 mètres de planches ; on demande combien on obtiendra de mètres de planches dans 35 stères ,55 ?

25. Un magasin du gouvernement doit être approvisionné de manière que pour 19 stères de bois de chêne, on y trouve 9 stères de sapin ; on reçoit l'ordre d'acheter 57 stères de bois de chêne et de compléter l'approvisionnement, en achetant la quantité correspondante de sapin : on demande combien il faudra acheter de ce dernier ?

26. Une commune a vendu des forêts, en se réservant 129 stères de bois sur 1757 ares; on demande combien elle aurait dû vendre d'ares pour avoir une réserve de 100 stères seulement ?

27. On a employé 60 stères de bois de chauffage pour fondre 6721 kilogrammes de fonte de fer ; on demande combien on fondra de ce métal avec 75 stères de bois ?

28. Il a fallu 15 stères de bois de chêne pour faire des tonneaux d'une même grandeur, et dont la capacité totale fournit 297 hectolitres ; on demande combien on pourra obtenir d'hectolitres avec 37 stères de bois ?

29. 535 stères de bois ont rapporté un bénéfice de 1907 fr ,62 c., on demande combien rapporteront 729 stères vendus de la même manière?

30. L'approvisionnement d'un vaisseau se fait à raison de 3 stères de bois pour 17 jours, il reste 111 stères en magasin, on demande combien de temps durera cette provision ?

31. Une superficie de 17 ares cultivés en pépinière

a suffi pour fournir à planter 515 mètres de route, on demande combien on pourra planter de mètres de la même route avec 595 ares de pépinière ?

32. On peut compter, pour 11 ares, un rapport de 17 stères de bois d'une certaine espèce ; on demande combien on aura de stères de ce même bois dans une surface de 79 ares ?

33. Dans un partage de succession, on compte que 17 ares de bois valent 29 ares de terres labourables : il y a eu tout 115 ares de bois à partager, on demande combien ils représentent de terres labourables ?

34. Sur 517 ares de terres, on a récolté 17517 kilogrammes de graines, on demande combien on aura de kilogrammes de graines sur 1000 ares de terre ?

35. Un propriétaire de vignes a promis à son vigneron que, pour 10 ares de vignes qui rapporteraient, il lui donnerait une gratification de 7 litres de vin; 69 ares ont rapporté ; on demande combien le vigneron aura de litres de vin ?

36. Pour 235 ares de terre on a payé 116 fr. de contributions ; on demande combien on payera pour 125 ares de terrain ?

37. 117 ares de terre ont été labourés en 25 jours ; on demande combien il faudra employer de temps pour labourer 215 ares de terrain ?

38. On a retiré 5,436,725 kilogrammes de minerai d'une galerie de $17^m,75$ de longueur ; on demande combien il faudra percer de mètres de la même galerie, pour en retirer 17,000,000 kil. de minerai ?

39. Une personne qui dépense 2000 kilogrammes de houille dans un hiver, voudrait employer du bois de chauffage ; elle suppose que 217 kilogrammes de houille lui rendent le même service que 117 stères de bois ; on demande combien il faudra de stères de bois pour remplacer ces 2000 kilog. de houille ?

40. Un minerai a rendu 2 kilog,315 de cuivre, sur 82 kilog,357 de matière brute ; on demande com-

bien on aura de cuivre pour 1000 kilogrammes de minerai ?

41. On a employé 29 kilog. ,74 de houille pour distiller 33 litres,315 d'eau ; on demande combien on distillerait de litres d'eau avec 117 kilogrammes de houille ?

42. Un maître-de-forges pense que, pour fournir annuellement à une fabrication de 2300 kilogrammes de fer, il lui faudra 9 ares de forêts ; on sait qu'il fabrique par année 315000 kilogrammes de marchandises; et on demande combien il doit affecter d'ares de forêts à sa fabrication ?

43. On a acheté 515 kilogrammes de marchandises pour 1537 fr. ,19 c.; on demande combien coûteront 100 kilogrammes de la même marchandise ?

44. On a consommé 117 kilogrammes de pain, en 19 jours ; on demande combien dureront 719 kilog. ?

45. 9547 hectolitres d'eau ont rempli un canal, dans une étendue de 989 mètres ; on a un bassin de 537614 hectolitres; on demande quelle étendue de canal, il pourra alimenter ?

46. 36456 litres d'eau ont le même poids que 48 stères de bois d'une certaine espèce, on demande combien il faudra de stères pour péser autant que 1,457,525 litres d'eau?

47. 535 litres d'huile ont été le résultat d'une plantation de 18 ares,55 ; on demande combien il faudra de terrain pour produire 1000 litres, toutes choses étant supposées égales?

48. 1715 litres d'eau-de-vie pèsent 1559 kilogrammes, on demande combien péseront 19,515 litres du même liquide.

49. 6421 litres de vin ont produit 437 litres d'eau-de-vie; on demande combien en produiront 53215 litres de vin ?

5o. 215 hectolitres de vin ont coûté 917 fr.; on demande combien coûteront 1717 hectolitres du même vin ?

51. Un étang a perdu par infiltration un volume de 199537 hectolitres d'eau en 19 jours ; on demande en combien de temps il serait vidé, en supposant la capacité de l'étang de 3244564 hectolitres ?

## Règle d'intérêt.

L'intérêt de l'argent est en quelque sorte un loyer que l'emprunteur paye au prêteur, afin de pouvoir disposer de l'argent de celui-ci. Ce loyer se fixe à raison d'un certain nombre de francs pour cent francs prêtés ; la loi autorise un intérêt de 5 pour % pour le civil (ce signe % signifie cent), et de 6 pour % dans le commerce.

La stipulation qui fixe un intérêt à l'argent donne naissance à plusieurs problèmes, qui se rapportent tous à la règle de trois, c'est-à-dire, qui se résolvent au moyen d'une multiplication et d'une division.

1°. Soit proposé de trouver l'intérêt de 15645 fr. placés à 5 pour %. On cherchera l'intérêt d'un franc, et on le répétera 15645 fois. Or, 100 francs rapportant 5 francs, il est visible qu'un franc rapportera 100 fois moins, ou $\frac{5}{100}$ de franc. 15645 fr. rapporteront l'intérêt d'un franc répété 15645 fois, ou $\frac{5}{100} \times 15645$, ou $\frac{15 \times 15645}{100}$, quantité égale à 782 fr ,25c. Si l'on observe que $\frac{5}{100}$ est égal à $\frac{1}{20}$, on aura $\frac{1 \times 15645}{20}$ ou $\frac{15645}{20}$ de fr, pour l'intérêt cherché ; d'où il résulte que, *pour trouver l'intérêt d'une somme à 5 pour %. il faut prendre le* 20.ᵐᵉ *de cette somme.* L'intérêt de 2450 fr., à 5 pour cent, sera $\frac{2450}{20}$, ou 122 fr ,5.

2°. Soit proposé de trouver l'intérêt de 17547 fr. à 6 pour cent. Un franc rapporte la 100ᶜ partie de l'intérêt de 100 fr. ou $\frac{6}{100}$ de franc ; 17547 fr. rapporteront 17547 fois l'intérêt d'un franc, ou $\frac{6}{100} \times 17547$ f., qui est égal à $\frac{105282}{100}$ f. $= 1052$ fr ,82. On voit que *pour trouver l'intérêt d'une somme à 6 pour cent*

*cent, il faut la multiplier par 6, et donner deux décimales au produit obtenu.*

3. On demande quelle somme d'argent on a placée où l'on doit placer pour avoir 3000 fr. d'intérêt le taux de l'intérêt étant à 5 pour cent? S'il faut placer 100 fr. pour avoir 5 fr. de rapport, il faudra placer une somme 5 fois moins considérable pour avoir 1 fr. de rapport, il faudra placer $\frac{100}{5}$ de fr. ou 20 fr. Si 20 fr. rapportent 1 fr., il faudra répéter 20 francs 3000 fois, pour avoir 3000 fr. de rapport: ce sera 60000 fr. qu'il faudra placer. En général tout problème de ce genre se résoudra en multipliant *le rapport fixe* par 20. Pour avoir 535 fr. de rapport, il faudra placer 535 fr. $\times$ 20, ou 10700 fr.

4. Soit proposé de trouver quelle somme d'argent il faut placer à 6 pour cent, pour obtenir un intérêt de 1545 fr.? Si, pour obtenir 6 fr., il faut placer 100 fr, on placera 6 fois moins ou $\frac{100}{6}$ de fr. pour avoir 1 fr. d'intérêt. On placera 1545 fois la somme qui rapporte 1 fr. pour avoir 1545 fr. d'intérêt; on placera $\frac{100 \times 1545}{6}$ fr., ou $\frac{154500}{6}$ fr., qui est égal à 25750 fr. On obtient donc la somme qu'il faut placer, pour avoir un *rapport donné*, l'intérêt étant à 6 pour cent, en mettant deux zéros à la suite du *rapport donné*, et en divisant le nombre ainsi obtenu par 6.

5. On suppose que 1545 fr. ont rapporté 87 fr. dans un an, on demande à combien pour cent cet argent était placé? On cherchera d'abord à combien pour un franc l'argent était placé. Si 1545 fr. ont rapporté 87 fr., un franc rapportera 1545 fois moins, ou $\frac{87}{1545}$ fr.: on répétera cette quantité 100 fois et on aura pour le rapport de 100 francs la quantité $\frac{87 \times 100}{1545} = \frac{8700}{1545} = 5$ fr.,631 L'intérêt sera donc de 5 fr.,631 pour cent francs.

## Règle d'escompte.

Il arrive souvent dans le commerce qu'un emprunteur ou un acheteur fasse un acte ou un billet, par lequel il s'engage à payer au prêteur ou vendeur une somme déterminée, mais exigible à une époque fixée : ainsi, par exemple, un marchand de draps achète pour 5000 fr. de marchandises à un fabricant ; alors il fait un billet par lequel il s'engage à payer 5000 fr. au fabricant à une certaine époque, dans six mois, par exemple. Comme la personne qui a reçu le billet a quelque fois besoin d'argent avant le terme du payement, elle peut se décider en conséquence à vendre son titre : elle s'adresse alors à un banquier, qui lui donne de l'argent pour le montant du billet, mais toutes fois en se réservant un certain bénéfice, qui est ordinairement de 5 ou 6 fr. pour cent francs payables dans un an et qui diminue en raison que le terme du payement approche ; ce genre d'échange donne naissance à plusieurs problèmes.

1. Soit proposé d'escompter un billet de 5357 fr. payable dans un an, l'escompte étant de 6 pour cent. Il résulte du taux de l'escompte que pour recevoir 100 francs au moment actuel, il faut donner un billet de 106 fr. payable dans un an. Il faut ici chercher combien on recevra pour un franc payable dans un an, et répéter cette quantité 5357 fois. Si l'on reçoit 100 francs pour 106 payable dans un an, on recevra $\frac{100}{106}$ de fr. pour 1 franc payable dans un an, et $\frac{100}{106} \times 5357$, ou $\frac{535700}{106}$ fr. pour 5357 fr. payables dans un an. On recevra donc au moment actuel 5053 fr ,74 c.

2. Escompter une somme de 9745 fr. payable dans un an, l'escompte étant de 5 pour cent? Dans l'état de cette question, on reçoit maintenant 100 fr. pour un billet de 105 payable dans un an : on recevra 105 fois moins pour un franc payable dans un an , on re-

cevra $\frac{100}{105}$ de fr. Pour 9745 fr., on recevra 9745 fois plus que pour un franc, ou $\frac{100}{105}$ fr. $\times$ 9745, $\frac{974500}{105}$, 9280 fr. ,95.

3. On a vendu pour 7150 fr. un billet de 7625 fr. payable dans un an, on demande le taux de l'escompte. D'après ces données, on demande combien on a échangé d'argent payable dans un an pour recevoir 100 francs au moment actuel. On ramenera le problème à reconnaître combien on a donné d'argent payable dans un an pour recevoir un franc au moment actuel. Pour 7625 fr. payables dans un an, on reçoit 7150 fr. ; on recevra 1 fr. pour une somme 7150 fois plus petite, pour $\frac{7625}{7150}$ fr. Pour recevoir 100 fr. il faudra répéter $\frac{7625}{7150}$ fr. cent fois : on aura à donner $\frac{7625 \times 100}{7150}$ f., ou $\frac{762500}{7150}$ f., ou 106 fr, 641 ; l'escompte est de 6 fr. ,641 pour cent.

4. L'escompte étant de 6 pour cent pour un an, on demande de combien il sera pour 55 jours? Il faudra chercher de combien il est pour un jour : or l'escompte est de 6 fr. pour 365 jours, donc il sera de $\frac{6}{365}$ de fr. pour un jour. On multipliera l'escompte de 100 fr. durant un jour par 55 et on aura $\frac{6}{365}$ fr. $\times$ 55, ou $\frac{6 \times 55}{365} =$ 0 fr. ,9041 pour l'escompte de 100 fr. durant 55 jours.

5. On demande l'escompte de 3725 fr. durant 146 jours, l'escompte étant réglé à 5 pour cent? Il faudra chercher l'escompte de 1 franc et le répéter 3725 fois. L'escompte de cent fr. pour un jour est de $\frac{5}{365}$ de fr. ; l'escompte d'un franc pour un jour sera 100 fois plus petit, sera $\frac{5}{36500}$ f. L'escompte de 1 fr. durant 146 jours sera l'escompte d'un jour répété 146 fois, ou $\frac{5}{36500} \times 146 = \frac{5 \times 146}{36500} = \frac{710}{36500}$. On a l'escompte de 1 franc pour 146 jours, on le multipliera par 3725, et on aura pour l'escompte cherché de 3725 f. durant 146 jours $\frac{1710}{36500} \times 3725 = \frac{230 \times 3725}{36500}$ quantité égale à 64,50 fr.

## Règle de société.

Lorsque plusieurs individus mettent des fonds en commun pour faire une entreprise, il arrive ordinairement que les bénéfices ou les pertes se partagent d'après la base suivante : on considère *le bénéfice ou la perte* comme produits par la *mise commune*, l'on en conclut le bénéfice ou la perte produits par *un franc*, et chaque individu reçoit le bénéfice d'un franc autant de fois qu'il a mis de francs dans la société, ou bien souffre la perte qui correspond à un franc autant de fois qu'il a mis de francs dans l'association : éclaircissons cela par des exemples.

1. On suppose que deux individus se sont mis en société, l'un a fourni 517 fr., l'autre 315 fr.; ils ont gagné 104 fr; on demande ce qui revient à chacun des associés? On réunira par addition 517 fr. et 315 fr., on trouvera que les fonds placés en commun forment une somme de 832 fr.; on regardera le bénéfice 104 fr., comme le résultat de 832 fr.; et on dira, si 832 fr. rapportent 104 fr., 1 fr. rapportera $\frac{104}{832}$ de fr. On sait ce que rapporte un franc; 517 fr. rapporteront $\frac{104}{832}$ de fr. $\times$ 517 ou $\frac{104 \times 517}{832}$ fr. $=$ 64 fr. ,625; et 315 fr. rapporteront $\frac{104}{832}$ de fr. $\times$ 315 ou $\frac{104 \times 315}{832}$ fr. $=$ 39 fr. ,375.

2. On suppose que trois individus se sont mis en société; le premier a versé 7000 fr. dans la caisse sociale, le second a versé 8000 fr., le troisième a donné 5000 fr.; ils ont fait une perte de 4420 fr.; on demande la perte que doit essuyer chacun des associés? On réunira d'abord en une seule somme les mises individuelles; on verra qu'il a été placé 20000 fr. dans la société : on regardera cette somme comme ayant produit la perte de 4420 fr, et on dira : si 20000 fr. ont fourni une perte de 4420 fr., un franc fournira une perte 20000 fois moins considérable ou $\frac{4420}{20000}$ de fr. On répétera 7000 fois la perte d'un franc pour le premier

associé, on aura $\frac{4420 \times 7000}{20000}$ fr. ou 1547 fr. ; on aura pour le deuxième associé $\frac{4420 \times 8000}{20000}$ fr. ou 1768 fr. ; on aura pour le troisième associé une perte de $\frac{4420 \times 5000}{20000}$ fr. ou 1105 fr.

On voit que, pour résoudre ces problêmes, il faut indiquer, sous forme de fraction, le quotient de la *perte* ou du *bénéfice* par la *mise totale*, et multiplier cette quantité par chaque mise particulière; on aura ainsi la perte ou le bénéfice de chaque individu.

4. Quatre associés ont fourni, le premier 7000 fr., le deuxième 11000 fr., le troisième 12000 fr. et le quatrième 10000 fr.; ils ont gagné 4480 fr.; on demande la portion du bénéfice total qui revient à chaque associé?

On additionnera les mises partielles, on obtiendra 40000 fr., pour mise totale; le bénéfice produit par un franc sera $\frac{4480}{40000}$ fr. On aura pour bénéfice correspondant à 7000 fr., la quantité $\frac{4480 \times 7000}{40000}$; 11000 produiront $\frac{4480 \times 11000}{40000}$ fr.; 12000 fr. produiront $\frac{4480 \times 12000}{40000}$ et enfin le bénéfice correspondant à 10000 f. sera $\frac{4480 \times 10000}{40000}$ fr.

La méthode suivie pour résoudre les problêmes précédens, peut encore s'appliquer à des questions du genre de celle-ci : On suppose que trois individus ont acheté, pour 50000 fr., une terre de 82 arpens, et on demande ce qui revient à chacun des acheteurs dans le partage de cette terre; le premier a fourni 21432 fr., le second 14537 fr, et le troisième 14031 fr. On cherchera quelle partie de la terre on doit avoir pour 1 franc on trouvera $\frac{82}{50000}$ d'arpent; on multipliera cette quantité par la mise de chaque acheteur; on verra que le premier doit avoir $\frac{82 \times 21432}{50000}$ arpens, ou 35 arp ,14848, le deuxième aura $\frac{82 \times 14537}{50000}$ arpens, ou 23 arp ,84068, le troisième aura $\frac{82 \times 14031}{50000}$ arpens, ou 23 arp ,01084.

## Règle de trois inverse.

Si l'on obtient un certain résultat en répétant plusieurs fois une quantité donnée, il faudra lorsqu'on fera varier cette quantité donnée, la répéter un nombre de fois plus ou moins considérable pour obtenir le même résultat. Si l'on suppose, par exemple, que 10 maçons emploient 6 jours, pour bâtir un mur, il faudra que 5 maçons travaillent 12 jours pour produire le même travail. La régle de trois inverse est destinée à faire connaître combien il faut répéter de fois la quantité qu'on fera varier, dans la supposition précédente : quelques exemples familiariseront avec les méthodes à suivre pour résoudre les problèmes qui auront rapport à ce cas.

1. Soit proposé la question suivante : la garnison d'une place de guerre a pour 32 jours de vivres, en supposant qu'on fasse les distributions prescrites par le réglement ; mais elle veut tenir 45 jours avec les mêmes vivres, on demande à combien chaque ration doit être réduite ? Pour fixer les idées nous représenterons par une lettre la valeur de la nouvelle ration, par la lettre X. En 45 jours on consommera 45 nouvelles rations, ou 45 fois X ; or 32 rations anciennes doivent faire le service de 45 jours; donc 45 fois X égale 32 rations anciennes, $45 \times X = 32$. Si $45 \times X$ ou 45 X est égal à 32, X sera 45 fois plus petit ou égal à $\frac{32}{45}$, donc la nouvelle ration sera les $\frac{32}{45}$ de l'ancienne.

2. 75 ouvriers ont élevé une terrasse en 27 jours, on demande combien il faudrait de jours à 50 ouvriers pour élever la même terrasse ? Si 75 ouvriers ont travaillé 27 jours, ils ont employé $75 \times 25$ journées de travail ou 1875 journées de travail pour élever la terrasse. Nous désignerons par X le nombre de journées qu'emploieront les 50 ouvriers, ils emploieront en tout 50 journées répétées X fois ou $50 \times X$ journées pour élever la terrasse. Mais il est visible qu'il faut 1875 journées de travail pour faire la terrasse, soit

qu'on emploie 75 ouvriers, ou bien 50 ; donc $50 \times X$ doit être égal à 1875 : si X répété 50 fois est égal à 1875, X sera 50 fois plus petit que 1875, X sera égal à $\frac{1875}{50} = 37^J,5$. Il faudra 37 jours et demi de travail à 50 ouvriers pour faire le même ouvrage que 75 ouvriers font en 25 jours.

3. Il entre dans un tapis 24 aunes de drap de cinq quarts de largeur, on veut le doubler en toile de trois quarts de largeur, on demande combien il faudra employer d'aunes de toile ? Si le drap, au lieu de 5 quarts, n'avait qu'un quart d'aune de largeur, il en faudrait 5 fois plus pour faire le tapis, il faudrait $24 \times 5$ aunes ou 120 aunes. Il faudrait aussi 120 aunes de toile *d'un quart de largeur* pour le doubler. Mais comme la toile a *trois quarts de largeur* il en faudra trois fois moins, ou $\frac{120}{3}$ aunes, ou 40 aunes.

## Règle d'alliage.

On désigne par ce nom la méthode à suivre pour prendre le terme moyen de plusieurs quantités ; nous allons expliquer sur quelques exemples les procédés qui composent cette règle.

1. Un marchand de vin fait un mélange de 35 bouteilles de vin à 40 sous, de 15 bouteilles à 11 sous, de 32 bouteilles à 28 sous, de 17 bouteilles à 32 sous et de 10 bouteilles à 19 sous ; on demande à combien lui revient chaque bouteille du mélange ? Il faut d'abord reconnaître combien il entre de bouteilles dans le mélange et combien il coûte ; c'est ce que donneront les deux additions suivantes.

| 35 | bouteilles | | à | 40 | sous coûtent | | | 1400 | sous. |
|----|----|----|----|----|----|----|----|----|----|
| 15 | » | » | à | 11 | sous | » | » | 165 | » |
| 32 | » | » | à | 28 | sous | » | » | 896 | » |
| 17 | » | » | à | 32 | sous | » | » | 544 | » |
| 10 | » | » | à | 19 | sous | « | » | 190 | » |

109 bouteilles qui composent le mél⁰ couteront 3195 sous.

Si 109 bouteilles coûtent 3195 sous, une bouteille coûtera la 109.ᶜ partie de 3195 sous, ou 29
sous plus $\frac{34}{109}$ de sou.

2. Un chasseur achète 5 livres de poudre à 4 fr.
la livre, 4 l. à 3 fr. et 3 l. à 2 fr., il les
mêle et il veut savoir le prix de chaque livre du
mélange. Il faut connaître d'abord combien il entre
de livres de poudre dans tout le mélange, et ensuite
le prix de ce mélange. Or,

| | | | | | | |
|---|---|---|---|---|---|---|
| 5 livres de poudre | à 4 fr. la liv. | coûtent | 20 fr. |
| 4 livres | » | » à 3 fr. | » | » | » | 12 » |
| 3 livres | » | » à 2 fr. | » | » | » | 6 » |
| 12 livres de poudre | | coûtent | 38 f. |

ainsi la livre coûtera la douzième partie de 38 f.,
ou 3 fr ,16 cent. et une fraction de centime.

3. Deux élèves concourent pour un prix d'excellence ; l'un d'eux a concouru dans dix compositions,
dans lesquelles il a eu les places suivantes , 2 , 1 ,
5, 3, 1, 1, 1, 7, 15, 1 ; l'autre a concouru dans
8 compositions seulement, et il a obtenu les places
suivantes : 3 , 2 , 1 , 2 , 2 , 5 , 2 , 11 ; on demande
lequel des deux doit être considéré comme le
premier ?

On cherchera le numéro moyen des compositions
de chaque élève ; celui dont nous avons d'abord
parlé a eu, dans 10 compositions, 37 points; il est
dans le même état que s'il avait obtenu 3 points et $\frac{7}{10}$
dans chaque composition : celui qui a composé 8
sois, a eu 28 points, il est dans le même état que
s'il avait obtenu $\frac{28}{8}$ de point dans chaque composition;
et, $\frac{28}{8}$ étant égal à 3 et $\frac{5}{10}$, il en résulte que cet
élève aura le prix d'excellence , puisqu'il à $\frac{2}{10}$ de
point de moins que son rival.

# CONVERSION

*Des nouvelles mesures en anciennes et des anciennes mesures en nouvelles.*

On peut changer un certain nombre de mesures anciennes en nouvelles et réciproquement au moyen de l'un des trois tableaux ci-dessous, qu'on doit regarder comme renfermant des *résultats d'expérience.*

## PREMIER TABLEAU.

| | | | |
|---|---|---|---|
| 1 Lieue terrestre | vaut | 4 kilom. | ,4444 |
| 1 Lieue marine | vaut | 5 kilom. | ,5556 |
| 1 Toise | vaut | 1 mètre | ,94904 |
| 1 Pied | vaut | 0 mètre | ,32484 |
| 1 Pouce | vaut | 0 mètre | ,027070 |
| 1 Ligne | vaut | 0 mètre | ,002256 |
| 1 Aune | vaut | 1 mètre | ,18845 |
| 1 Toise carrée | vaut | 3 mèt. car. | ,798744 |
| 1 Pied carré | vaut | 0 mèt. car. | ,105521 |
| 1 Pouce carré | vaut | 0 mèt. car. | ,0073278 |
| 1 Ligne carrée | vaut | 0 mèt. car. | ,000005089 |
| 1 Lieue carrée | vaut | 0 myr. car. | ,1975309 |
| 1 Lieue carrée | vaut | 19 myriares | ,75309 |
| 1 Arpent (E. et F.) | vaut | 0 hectare | ,510720 |
| 1 Arpent de Paris | vaut | 0 hectare | ,344887 |
| 1 Toise cube | vaut | 7 m. cube | ,40389 |
| 1 Pied cube | vaut | 0 m. cube | ,0342773 |
| 1 Pouce cube | vaut | 0 m. cube | ,00019836 |
| 1 Ligne cube | vaut | 0 m. cube | ,00000001148 |

*

| | | | |
|---|---|---|---|
| 1 Corde (E. et F.) | vaut | 3 stères | ,8391 |
| 1 Solive | vaut | o stère | ,10283 |
| 1 Pinte de Paris | vaut | o litre | ,9313 |
| 1 Muid de Paris | vaut | 2 litres | ,6822 |
| 1 Septier (de Par.) | vaut | 1 hectol. | ,5610 |
| 1 Boisseau | vaut | 13 litres | ,008 |
| 1 Litron | vaut | o litre | ,8130 |
| 1 Livre (Poids) | vaut | o kilogr. | ,48951 |
| 1 Once | vaut | o kilogr. | ,03059 |
| 1 Gros | vaut | o kilogr. | ,003824 |
| 1 Grain | vaut | o kilogr. | ,0000531 |
| 1 Quintal | vaut | 4 myriagr. | 8951 |
| 1 Livre (monnaie) | vaut | o franc | ,987650942 |

## *DEUXIÈME TABLEAU.*

| | | | |
|---|---|---|---|
| 1 Kilomètre | vaut | o lieue terrestre | ,225 |
| 1 Kilomètre | vaut | o lieue marine | ,18 |
| 1 Mètre | vaut | o toise | ,51207 |
| 1 Mètre | vaut | 3 pieds | ,07844 |
| 1 Mètre | vaut | 36 pouces | ,9413 |
| 1 Mètre | vaut | 443 lignes | ,296 |
| 1 Mètre | vaut | o aune | ,84144 |
| 1 Mètre carré | vaut | o toise carrée | ,263245 |
| 1 Mètre carré | vaut | 9 pieds carrés | ,47682 |
| 1 Mètre carré | vaut | 1364 pouces carrés | ,66 |
| 1 Mètre carré | vaut | 196511 lignes carrées | |
| 1 Myriamèt. | vaut | 5 lieues carrées | ,0625 |
| 1 Myriare | vaut | o lieue carrée | ,050625 |
| 1 Hectare | vaut | 1 arpent (E. et F) | ,958020 |
| 1 Hectare | vaut | 2 arpents de P. | ,924943 |

| 1 Mètre cube vaut | 0 | toise cube | ,135064 |
| 1 Mètre cube vaut | 29 | pieds cubes | ,1739 |
| 1 Mètre cube vaut | 50412 | pouces cubes | ,42 |
| 1 Mètre cube vaut | 87112655 | lignes cubes | |
| 1 Stère vaut | 0 | corde (E. et F.) | ,26048 |
| 1 Stère vaut | 9 | solives | ,7246 |
| 1 Litre vaut | 1 | pinte de Paris | ,0737 |
| 1 Hectolitre vaut | 0 | muid de Par. | ,3728 |
| 1 Hectolitre vaut | 0 | septier de Par. | ,6400 |
| 1 Litre vaut | 0 | boisseau | ,07687 |
| 1 Litre vaut | 1 | litron | ,2300 |
| 1 Kilogr. vaut | 2 | livres | ,04288 |
| 1 Kilogr. vaut | 32 | onces | ,686 |
| 1 Kilogr. vaut | 261 | gros | ,49 |
| 1 Kilogr. vaut | 18827 | grains | ,15 |
| 1 Myriagr. vaut | 0 | quintal | ,20429 |
| 1 Franc vaut | 1 | livre | ,012503 |

## TROISIÈME TABLEAU.

| 4 | Myriamètres | valent 9 | lieues terrestres |
| 82 | Mètres | valent 69 | aunes de Paris |
| 76 | Mètres | valent 39 | toises |
| 13 | Décimètres | valent 4 | pieds |
| 19 | Centimètres | valent 7 | pouces |
| 9 | Millimètres | valent 4 | lignes |
| 24 | Hectares | valent 47 | arpens |
| 24 | Ares | valent 47 | perches carrées |
| 40 | Hectares | valent 117 | arpens de Paris |
| 40 | Ares | valent 117 | perches carrées |
| 19 | Mètres carrés | valent 5 | toises carrées |

| | | | |
|---|---|---|---|
| 38 | Décalitres | valent 51 | veltes de Paris |
| 27 | Litres | valent 29 | pintes de Paris |
| 118 | Kilolitres | valent 63 | mujds de Paris |
| 64 | Hectolitres | valent 41 | septiers de Paris |
| 13 | Décalitres | valent 10 | boisseaux |
| 13 | Litres | valent 16 | litrons de Paris |
| 37 | Mètres cubes | valent 5 | toises cubes |
| 96 | Stères | valent 25 | cordes (E. et F.) |
| 36 | Décistères | valent 35 | solives |
| 70 | Kilogrammes | valent 143 | livres |
| 11 | Hectogrammes | valent 36 | onces |
| 13 | Décagrammes | valent 34 | gros |
| 14 | Grammes | valent 11 | deniers |
| 8 | Décigrammes | valent 15 | grains |
| 80 | Francs | valent 81 | livres tournois |

Nous allons résoudre quelques problèmes relatifs à l'objet qui nous occupe, en employant successivement chacun de ces trois tableaux.

*Problèmes résolus au moyen du premier tableau.*

Toutes les fois qu'il s'agira d'avoir un certain nombre de mesures *anciennes* converties en mesures *nouvelles*, on emploiera une *multiplication.* Pour changer 35 toises en mètres, on prendra dans le tableau le nombre 1 mètre ,94904, qui est la valeur d'une toise et on le multipliera par 35, ce qui donnera 35 toises=29 mètres ,49037. Pour changer 59 litrons ,37 en litres, on prendra dans le tableau le nombre 0 litres ,8130, qui est la valeur d'un litron, et on le multipliera par 59 ,37, ce qui donnera 59 litrons ,37=48 litres ,16781.

Toutes les fois qu'il s'agira d'avoir un certain nombre de mesures *nouvelles* converties en mesures *anciennes*, on employera une *division*. Pour convertir 45 mètres en toises, on prendra dans le tableau le nombre 1 mètre ,94904, qui est la valeur d'une toise, et on divisera 45 m. par 1,94904, ce qui donnera 45$^{\text{m}}$=23 toises ,08837. Pour changer 68 litres,25 en litrons, on prendra dans le tableau le nombre o litres ,8130 , qui est la valeur d'un litron et on divisera 68,25 par o litres ,8130 ; ce qui donnera 68litres,25 =83 litrons ,9364.

*Problèmes résolus au moyen du deuxième tableau.*

Toutes les fois qu'il s'agira d'avoir un certain nombre de mesures *nouvelles* converties en mesures *anciennes*, on emploiera une *multiplication*. Pour changer 89 mètres en toises, on prendra dans le tableau le nombre o toises ,135064, qui est la valeur d'un mètre et on le multipliera par 89, ce qui donnera 89 mètres = 12 toises ,020607. Pour changer 81 litres ,57 en litrons, on prendra dans le tableau le nombre 1 litron,2300, qui est la valeur d'un litre, et on le multipliera par 81,57 ; ce qui donnera 81litres,57 =100 litrons ,3311.

Toutes les fois qu'il s'agira d'avoir un certain nombre de mesures *anciennes* converties en mesures *nouvelles*, on emploiera une *division*. Pour changer 63 toises en mètres, on prendra dans le tableau le nombre o toises ,51307, qui est la valeur d'un mètre, et on divisera 63 toises par 0,51307, ce qui donnera 63 toises=112 mètres ,78931. Pour changer 37,69 litrons en litres, on prendra dans le tableau le nombre 1 litron ,2300, qui est la valeur d'un litre, et on divisera 37 litrons ,69 par 1,2300; ce qui donnera 37 litrons ,69=30 litres ,643082.

*Problèmes résolus au moyen du troisième tableau.*

Pour obtenir la conversion des mesures anciennes en nouvelles au moyen de ce tableau, on fait usage de la *règle de trois*, c'est-à-dire, de la combinaison d'une multiplication et d'une division.

1. Soit proposé de changer 55 toises en mètres ; le problème revient à celui-ci : si 76 *mètres valent 39 toises, combien vaudront 55 toises évaluées en mètres ?* Si 39 toises valent 76 mètres, une toise vaut $\frac{76}{39}$ de mètre et 55 toises valent $\frac{76}{39} \times 55$, ou $\frac{76 \times 55}{39}$ ; en effectuant la multiplication et la division indiquées, on aura 55 toises $=$ 107 mètres ,19709.

2. Soit proposé de changer 49 litrons ,38 en litres ; le problème revient à celui-ci : si 13 *litres valent 16 litrons de Paris, combien vaudront 49 litrons ,38 évalués en mètres ?* Si 16 litrons valent 13 litres, un litron vaut $\frac{13}{16}$ de litre , et 49 litrons ,38 valent $\frac{13}{16}$ de litre $\times 49,38$ ou $\frac{13 \times 49,38}{16}$ ; en effectuant la multiplication et la division, on aura 49 litrons, 38 $=$ 40 litres ,147152.

3. Soit proposé de changer 99 mètres en toises. Le problème revient à celui-ci : si 76 *mètres valent 39 toises, combien vaudront 99 mètres évalués en toises ?* Si 76 mètres valent 39 toises, un mètre vaut $\frac{39}{76}$ de toise, et 99 mètres valent $\frac{39}{76} \times 99$ ou $\frac{39 \times 99}{76}$ toises ; en effectuant la multiplication et la division, on aura 99 mètres $=$ 50 toises ,79437.

4. Soit proposé de changer 15 litres ,15 en litrons ; le problème revient à celui-ci : si 13 *litres valent 16 litrons de Paris, combien vaudront 15 litres ,15 évalués en litrons ?* Si 13 litres valent 16 litrons, un litre vaut $\frac{16}{13}$ de litron et 15 litres ,15 valent $\frac{16}{13} \times 15,15$ ou $\frac{16 \times 15,15}{13}$ ; en effectuant la multiplication et la division, on aura 15 litres ,15 $=$ 18 litrons ,633499,

## OBSERVATION.

Dans le problème que nous venons de résoudre nous avons regardé les anciennes mesures comme partagées en fractions décimales ; mais on peut se proposer de résoudre des problèmes analogues dans lesquels les *anciennes mesures soient accompagnées de parties complexes*, c'est pourquoi nous indiquerons encore la solution des deux questions suivantes.

Soit proposé de convertir $3^T - 4^P - 5^P - 6^l$ en nouvelles mesures. On se servira d'un des trois tableaux ci-dessus et l'on obtiendra :

*Mètres.*

$3^T =$ 5 ,84711
$4^P =$ 1 ,29936
$5^P =$ o ,135350
$6^l =$ o ,013536

d'où l'on conclura que $3^T - 4^P - 5^o - 6^l$ valent 7 mètres ,295356 qui est la somme des valeurs de $3^T$, de $4^P$, de $5^P$ et de $6^l$.

Soit proposé de convertir 35 mètres ,6456 en Toises, Pieds, Pouces et Lignes.

On divisera 35 mètres ,6456 par le nombre 1 mètre ,94904, qui est la valeur d'une toise ; on obtiendra un quotient égal à 18 et un reste égal à ,56294.

On divisera ,56294 par le nombre 0,32484, qui est la valeur d'un pied ; on obtiendra un quotient égal à 1 et un reste égal à 0,23810.

On divisera o mètre ,23810 par le nombre 0,027070, qui est la valeur d'un pouce ; on obtiendra un quotient égal à 8 et un reste égal à 0,021541.

On divisera $0,221541$ par le nombre $0,^m002256$, qui est la valeur d'une ligne ; on obtiendra un quotient égal à 9 plus la fraction $\frac{1237}{2256}$.

On conclura de ces calculs, en reunissant les quotiens obtenus, que 35 mètres $,5456$ est égal à $18^T — 1^P — 8^p — 9^l + \frac{1237}{2256}$ *de ligne.*

# FIN.

# TABLE
## DES MATIÈRES.

# TABLE

# DES MATIÈRES.

# TABLE



Fin de la table.

*TABLEAU des signes employés dans cet ouvrage.*

= signifie *égale.*

+ signifie *plus.*

× signifie *multiplié par.*

⋈ *idem.* pour les fractions.

— placé entre deux quantités, l'une supérieure, l'autre inférieure, signifie *divisé par.*